VERSTÄNDLICHE WISSENSCHAFT

SECHSUNDFÜNFZIGSTER BAND

DER TROPISCHE REGENWALD

VON

ERWIN BÜNNING

Springer-Verlag Berlin Heidelberg GmbH

DER TROPISCHE REGENWALD

VON

DR. ERWIN BÜNNING
O. PROFESSOR DER BOTANIK AN DER UNIVERSITÄT TÜBINGEN

1. BIS 6. TAUSEND

MIT 116 ABBILDUNGEN

Springer-Verlag Berlin Heidelberg GmbH

Herausgeber der Naturwissenschaftlichen Reihe:
Prof. Dr. Karl v. Frisch, München

Ursprünglich erschienen bei Springer-Verlag OHG. Berlin · Gottigen · Heidelberg 1956.

ISBN 978-3-642-80534-9 ISBN 978-3-642-80533-2 (eBook)
DOI 10.1007/978-3-642-80533-2

Brühlsche Universitätsdruckerei Gießen

Vorwort

Text und Bilder der folgenden Seiten sollen einen kleinen Einblick in die vielseitigen Lebensvorgänge der Pflanzen im tropischen Regenwald vermitteln. Die meisten Aufnahmen stammen von eigenen Tropenreisen in den Jahren 1938—39, 1949—50, 1951 und 1954.

Obwohl diese Darstellung meine eigenen Forschungen in den Tropen nur berührt, müßte ich doch auch hier allen danken, die mir bei der Vorbereitung und Durchführung der Reisen geholfen haben. Ich kann hier aber nicht die vielen nennen, die mir auf Java, Sumatra und Ceylon, in Malaya und Bengalen zur Seite standen. Für finanzielle Hilfen bei einzelnen der Reisen bin ich der Deutschen Forschungsgemeinschaft, dem Kultusministerium in Stuttgart und Herrn Direktor F. MITTELBACH, Stuttgart, zu Dank verpflichtet. Die Zeiß-Ikon-Werke in Stuttgart ermöglichten es mir, bei den neuesten Reisen die modernen Fortschritte der Photographie in den Tropen anzuwenden. Bei den photographischen Arbeiten in Tübingen hat Fräulein RUTH KAUTT unermüdlich geholfen.

Die Herkunft der Pflanzennamen wurde nur dann erläutert, wenn das im Zusammenhang mit den besprochenen Eigenschaften der betreffenden Gattungen oder Arten interessant ist.

E. BÜNNING

Inhaltsverzeichnis

I. Lebensbedingungen des tropischen Regenwaldes

Wo zwischen den Wendekreisen nicht nur das Wechseln kalter und warmer Jahreszeiten fehlt, sondern auch ausgesprochen trockene Monate nicht vorkommen, entwickelt sich, sofern der Mensch nicht störend eingreift, ein immergrüner Wald. *Schimper* bezeichnete ihn als tropischen Regenwald. Nicht so sehr die hohe Temperatur und auch nicht eigentlich die jährliche Gesamtregenmenge sind für ihn notwendig, sondern vielmehr die Gleichmäßigkeit der Bedingungen während des ganzen Jahres. Der wärmste Monat ist oft nur 0,5 — 1 ° wärmer als der kälteste (Abb. 1), und

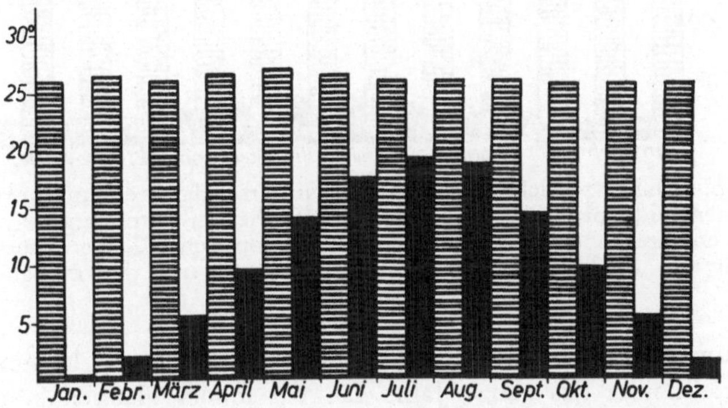

Abb. 1. Jahresgang der Temperatur in einem tropischen Regenwaldgebiet (Westsumatra, gestreifte Säulen). Im Vergleich dazu die entsprechenden Werte für ein mitteleuropäisches Gebiet (Stuttgart, schwarze Säulen). Die dargestellten Werte sind die Monatsmittel der Temperaturen.

der „trockenste" Monat kann noch 3 mal so viel Regen haben wie der regenreichste bei uns (Abb. 2). In Höhen von 1500 m an, wo die durchschnittliche Tagestemperatur nicht mehr wie im Tiefland 25—30°, sondern nur noch 15—20° erreicht, kann die Vegetation, bedingt durch die noch strengere Einhaltung gleichmäßig hoher Feuchtigkeit, sogar üppiger sein als in tieferen Lagen. Und auch der Wald in Höhen von 2500 m, oft sogar bis

3000 m Höhe, kann immer noch mehr an den Wald des tropischen Tieflandes als an den Wald außertropischer Regionen erinnern, obwohl die durchschnittliche Tagestemperatur in solchen Höhen unter 10° liegen kann.

In allen diesen Höhenlagen finden wir einen Wald, der das ganze Jahr hindurch einen ähnlichen Anblick bietet: Nie sehen wir ihn kahl, aber auch nie im frischen Grün wie einen europäischen Laubwald im Frühjahr. Wohl wechselt auch am einzelnen

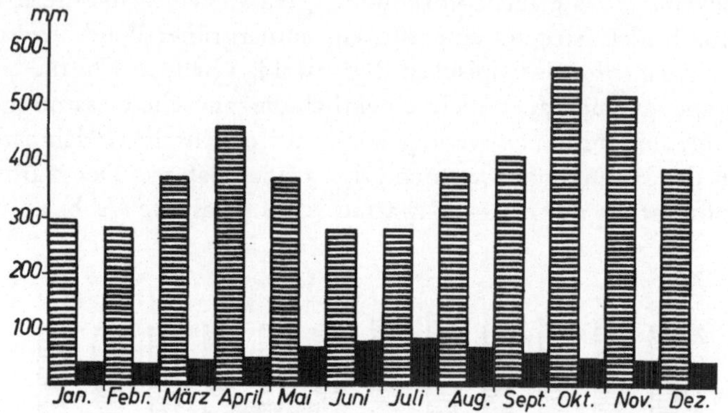

Abb. 2. Jahreszeitliche Verteilung der Niederschläge in einem tropischen Regenwaldgebiet (Westsumatra, gestreifte Säulen). Im Vergleich dazu die entsprechenden Werte für ein mitteleuropäisches Gebiet (Stuttgart, schwarze Säulen). Die dargestellten Werte sind die monatlichen Niederschlagsmengen.

Baum das Laub; aber dieser Laubwandel erfolgt so gleichmäßig verteilt über das ganze Jahr, daß wir immer glauben können, ein Gemisch der Bilder aller Jahreszeiten durcheinander vorzufinden: Einzelne Bäume oder Äste zeigen frisches Grün, andere altes Laub, einzelne stehen kahl. Alles das vereinigt sich zu einem schmutzigen Dunkelgrün. So werden wir zu jeder Jahreszeit den tropischen Regenwald vorfinden, in dem die während des ganzen Jahres hohe Luftfeuchtigkeit zudem noch die charakteristische Fülle von kletternden Pflanzen, also Lianen aller Arten, und von Epiphyten, d. h. Pflanzen, die auf anderen leben, ermöglicht.

In manchen Regenwaldgebieten fallen innerhalb eines Jahres 10—12 m Regen, also mehr als das 10—15fache dessen, was in den meisten europäischen Gebieten gemessen wird (in Deutschland ist es $^1/_2$ m). Aber auch wenn in den Tropen nur $1^1/_2$ oder 2 m Regen fallen, kann sich der Regenwald noch gut entwickeln, sofern nur diese Niederschläge einigermaßen gleichmäßig über die einzelnen Monate verteilt sind.

So gleichmäßig ist das Klima in manchen Tropengebieten, daß die meisten Tage des Jahres einander stark ähneln. Um 6 Uhr geht die Sonne auf. Da sie senkrecht am Horizont emporsteigt, fehlt die Dämmerung praktisch. Gegen 8—10 Uhr können die ersten Kumuluswolken auftreten. Mittags wird es bewölkt sein, und nachmittags fällt der Regen. Dann wird es wieder klar, so daß man oft genug noch die Sonne, um 6 Uhr abends, wieder untergehen sieht, ebenso senkrecht zum Horizont sinkend wie sie sich 12 Std. vorher über ihn hob. Hiermit ist auch noch eine andere Gleichmäßigkeit ausgesprochen, deren Bedeutung für die Pflanzen groß genug ist: Es gibt nicht die aus den gemäßigten Zonen bekannten jahreszeitlichen Schwankungen der Tageslänge. Jeder Tag und jede Nacht dauern ziemlich genau 12 Std.

Nicht überall in den Tropen herrschen solche Bedingungen. In vielen Gebieten werden regenreiche Monate von regenarmen oder sogar regenlosen abgelöst. Dort sieht der Wald, den *Schimper* als Monsunwald bezeichnete, in mancher Hinsicht ähnlich aus wie der Wald der gemäßigten Zonen. Die trockenen Jahreszeiten erzwingen ebenso wie die kalten ein periodisches Kahlstehen der meisten Bäume und Sträucher.

Wer längere Zeit im Regenwald der gleichmäßig feuchten Tropengebiete lebte und dann wieder in irgendeinen anderen Teil der Erdoberfläche kommt, sei es in die tropischen Monsunwälder, in die Savannen mit großen Grasflächen und wenigen Bäumen, in Steppen oder Wüsten, in die Wälder der gemäßigten Breiten oder in die Tundren der Arktis, der wird sich nicht des Gefühls erwehren können, daß sich nur in den immerfeuchten Tropen eine ungehemmte Vegetation entwickelte. Dort können Hunderte von Baumarten in einem Wald leben und sich zugleich mit Lianen, Epiphyten und Parasiten üppig entwickeln. In jedem anderen Gebiet der Erdoberfläche finden sich, so möchte man nach dem Eindruck in den Regenwäldern sagen, nur einige Spezialisten zurecht: Spezialisten, die dem Wassermangel in den

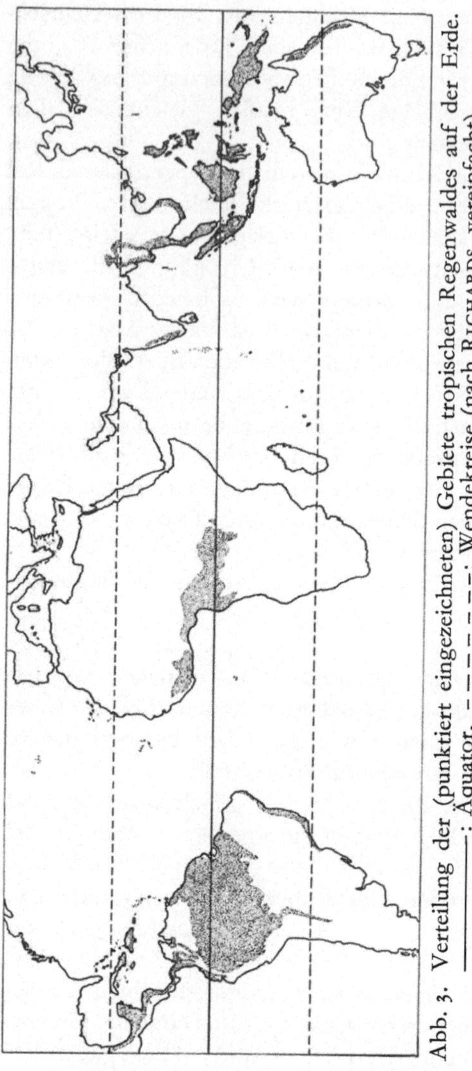

Abb. 3. Verteilung der (punktiert eingezeichneten) Gebiete tropischen Regenwaldes auf der Erde. ——— : Äquator, – – – – : Wendekreise (nach RICHARDS, vereinfacht).

Wüsten, dem Salzreichtum der Meeresküsten, der Trockenheit regenloser Jahreszeiten oder der Kälte der Wintermonate angepaßt sind. Lediglich in den immerfeuchten Tropen können die vielen Arten leben, die nicht den Weg zu solchen Anpassungen an weniger gleichmäßig günstige Bedingungen fanden.

Im tropischen Regenwald leben auf einem Quadratkilometer oft Hunderte von Baumarten; allein auf den Sunda-Inseln aber sind es schon 3000, am Amazonas annähernd ebenso viele, aber zum großen Teil wieder andere Arten von Bäumen. Etwa 90% aller Lianen, die wir kennen, leben im tropischen Regenwald. An einem seiner Baumstämme können Dutzende, gelegentlich 50 oder mehr Farnarten wachsen, auf den Ästen eines Baumes ebenso viele epiphytische Blütenpflanzen. Auf der Insel Sumatra mögen über 1000 Arten von Farnen und über 1000 verschiedene Orchideen in den Wäldern leben; andere Pflanzenfamilien weisen einen ähnlich hohen Artenreichtum auf. Die Sunda-Inseln beherbergen über 20000 verschiedene Blütenpflanzen, und schon auf einer dieser Inseln werden es 10000 Arten sein.

Solche Regenwälder finden wir im äquatorialen Afrika, vor allem im Kongobecken. Noch günstiger sind aber die Bedingungen für ihre Entwicklung im tropischen Asien, besonders im malayischen Archipel, auf Malakka und auf den Philippinen, ebenso in Neu-Guinea. Das größte Regenwaldgebiet schließlich ist das Amazonasbecken, dessen Wälder ebenso üppig und ebenso formenreich sind wie die des tropischen Asiens (Abb. 3).

II. Die Höhenregionen

1. Überblick

Auch in den Tropen nimmt die Temperatur mit zunehmender Höhe über dem Meeresspiegel ab, und zwar um etwa 0,5 — 0,6° je 100 m. Die Luftfeuchtigkeit ist ebenfalls nicht in allen Höhen gleich. Bestimmte Zonen der tropischen Gebirge, oft etwa der Bereich von 2000—2500 m, bei hohen Bergen auch bis 3300 m hinauf, können fast ständig in Wolken, in eine Nebelzone eingehüllt sein, so daß die Luftfeuchtigkeit besonders hoch ist. Aber in der Nähe der Gipfel macht sich wieder der trocknende Einfluß von Winden bemerkbar.

Nähern wir uns vom Meer her einem tropischen Land mit Regenwaldklima, so werden wir an der Küste, wenn sie flach und schlickreich ist, einen Gezeitenwald, die sog. „Mangrove-Zone“ finden, deren Bäume bei Flut bis zu den unteren Ästen vom Wasser umspült sind. Nur in den Tropen gibt es Bäume, die derart immer im Schlick, die halbe Zeit des Tages zudem mit ihren Wurzeln und den unteren Stammteilen regelmäßig im Meer stehen. Wenn die Küste steiler und sandiger ist, sehen wir vielleicht einen Sandstrand mit einer typischen Strandvegetation, gelegentlich auch dicht bewachsene Steilküsten.

Die Mangrove-Zone kann einige Kilometer breit werden, oft auch einen dicht geschlossenen Wald mit Bäumen von 20—30 m Höhe bilden. Ihr kann sich, wenn das Land flach ist, ein Sumpfwald mit der Ausdehnung von vielen Kilometern, gelegentlich bis zu 100 km oder mehr, anschließen. Dieser geht dann allmählich in den gewöhnlichen Wald des tropischen Flachlandes über, der seinen Charakter bis zur Höhe von 500 oder auch bis zu 1000 m nicht sehr stark ändert. Von dort aus können wir dann die Bergwälder rechnen, die auch jene Nebelzone einschließen. Über 2500 oder 3000 m Höhe beginnt ein wesentlich ärmerer Wald, der gelegentlich als subalpin bezeichnet wird. Je nach der Höhe der Berge werden die montanen Mooswälder in verschiedenen Zonen beginnen. Bei niedrigen Bergen können wir sie schon vor dem Erreichen von 1000 m antreffen, bei höheren erst in 1500—1700 m Höhe. Ebenso hängen auch die Wald- und Baumgrenzen von der Höhe der Berge ab. Die 3000 m hohen Berge Javas und Sumatras sind fast bis zum Gipfel bewaldet. Aber auch hier ist nicht die niedrige Temperatur allein schon ausreichend, um den Baumwuchs zu unterdrücken. Der Wind in der Gipfelnähe ist ebenso baumfeindlich; daher kann auf Bergen von 4000 m Höhe (etwa in Neu-Guinea) der Wald noch höher hinauf reichen.

2. Die Mangrove

An den schlammigen Tonstranden flacher Küsten entwickeln sich die Wälder, „deren Bäume im Meer wachsen“ (so sagte schon *Theophrast*). Auch den ältesten europäischen Seereisenden sind diese Wälder als „Mangrove“ bekannt, ein Ausdruck, der vielleicht vom malayischen „mangle“ kommt. Ihren größten Formenreichtum zeigen sie in den Tropen der Alten Welt, ganz besonders in Hinterindien und an den Inseln des Malayischen Archipels. Hier können bis zu etwa 50 verschiedene Arten von Blütenpflanzen als Bäume und Sträucher in der Mangrove vorkommen. Die Mangroven der Neuen Welt sind viel artenärmer. Unsere Schilderung bezieht sich vor allem auf die östliche, von Ost-Afrika bis Mikronesien reichende Mangrove, obwohl die westliche (West-Afrika bis Amerika) zwar artenärmer aber nicht grundsätzlich von der östlichen verschieden ist; wenigstens die auffälligeren Gattungen sind beiden Mangrove-Reichen gemeinsam. Das fällt auf, weil es unter den Blütenpflanzen sonst nur wenige Arten und Gattungen gibt, die so sehr tropisch-kosmopolitisch geworden sind. Die stammesgeschichtliche Entwicklung der Landpflanzen ist in der Alten und in der Neuen Welt, auch schon in Afrika und Asien weitgehend selbständige Wege gegangen, so daß man das „neotropische Florenreich“ von jeher durch seine ganz andere Zusammensetzung klar vom „paläotropischen“ unterscheiden konnte. Die der Verbreitung mit Meeresströmungen angepaßten Strand- und Mangrove-Pflanzen aber

Abb. 4. Ein Mangrove-Baum mit aus dem Wasser herauswachsenden Atemwurzeln (Sonneratia).

fanden leichter den Weg von Kontinent zu Kontinent, wobei die typischen Mangrove-Bäume ihren Ursprung offenbar im tropischen Asien hatten.

Die charakteristischen Mangrove-Bäume gehören ganz wenigen Gattungen an; es sind die ersten tropischen Bäume, mit denen der Neuling in den Tropen vor den Zeiten des Flugverkehrs überhaupt vertraut wurde. Weit ins Meer vorgeschoben können mehr oder weniger kümmerliche Exemplare von Sonneratia- (Abb. 4) und Rhizophora-Arten (Abb. 5) einen Gürtel bis zu etwa 1 km Breite bilden. Namentlich an Flußmündungen kann Avicennia diesen Platz einnehmen. Nach innen zu schließt sich dann ein Wald aus stattlichen Exemplaren von Sonneratia-, Avicennia- und Rhizophora-Arten an. Je salzärmer das Wasser ist, also je mehr wir uns vom offenen Meer entfernen, um so häufiger werden wir auch andere Gattungen unter den Bäumen vertreten sehen; Gattungen, die nicht nur in diesem Brackwasserbereich, sondern auch in dem Süßwasser führenden Sumpfwald vorkommen. Aber vor diesem eigentlichen Sumpfwald liegt meist noch eine ausgedehnte Zone mit der Nipa-Palme. Einige

Abb. 5. Rhizophora (die „Wurzelträgerin") in der äußeren Mangrove-Zone.

andere Palmen, vor allem auch ein Acanthus (Abb. 6), können sich hinzugesellen.

Wenn aber auch die Zonierung weitgehend den Salzgehalt widerspiegelt, so darf man doch nicht annehmen, die am weitesten ins Meer vordringenden Arten seien auf die hohe Salzkonzentration angewiesen. Diese Arten können sehr wohl auch im Süßwasser kultiviert werden. Sie sind also in der äußersten Zone so vorherrschend, weil allein sie die nötige Widerstandsfähigkeit gegen den hohen Salzgehalt und die ständige Überflutung haben. Weiter nach innen sind sie der Konkurrenz mit anderen, weniger salzresistenten Arten ausgesetzt.

Für die Zonierung ist nicht nur der Salzgehalt entscheidend, also nicht nur die unterschiedliche Widerstandsfähigkeit gegen die Giftwirkung hoher Konzentrationen des Salzes und die unterschiedliche Fähigkeit, der Salzlösung mit ihrem hohen osmotischen Druck durch noch höhere Saugkräfte in der Pflanze Wasser zu entziehen. Andere Faktoren kommen hinzu. So ist namentlich die verschiedene Wassertiefe mit ihren Folgen wichtig. Unter dem Wasser können, schon wegen der Sauerstoffarmut, die auch

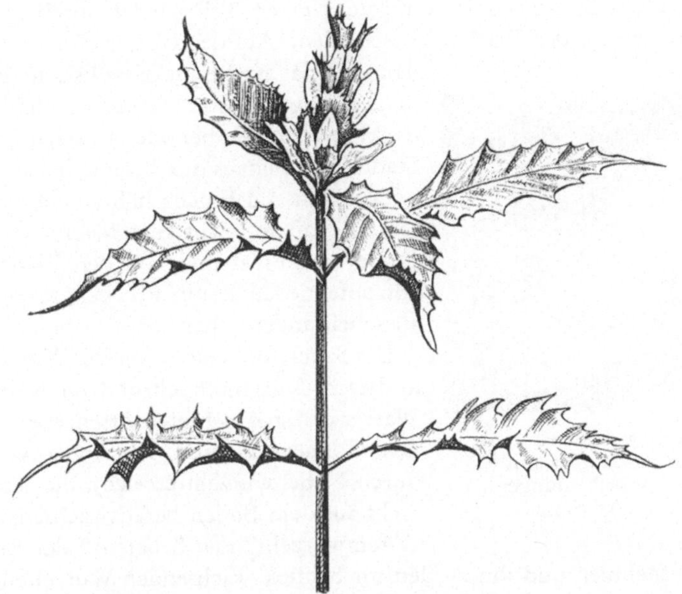

Abb. 6. Acanthus ilicifolius (der „stechpalmblättrige" A.), eine häufige Pflanze der inneren Mangrove-Zone.

im nicht von Wasser bedeckten Schlickboden herrscht, nur die Wurzeln einzelner Spezialisten gedeihen und arbeiten, d. h. Wasser und Nährsalze aufnehmen. Nur einige Spezialisten auch bringen es fertig, in diesem Medium ihre Keimlinge aufwachsen zu lassen.

Sehen wir uns etwas von den Einrichtungen an, die das Leben unter diesen ungewöhnlich harten Bedingungen ermöglichen.

Alle Pflanzen salzreicher Standorte, auch z. B. unsere Strandpflanzen, stehen vor der Schwierigkeit, daß Lösungen, also auch Lösungen von Salzen, bekanntlich einen hohen osmotischen Druck entfalten, mit dem sie Wasser begierig anziehen und festhalten. Trotzdem können solche Pflanzen, und ganz besonders gilt das für die Mangrove-Bäume, Wasser aus der mit Salz angereicherten Bodenlösung aufnehmen. Sie erreichen es durch hohe osmotische Werte in den lebenden Geweben, auch in den Blattgeweben. Von dem mit dem Wasser eingedrungenen Salz kann z. B. Avicennia wenigstens einen Teil wieder durch Salzdrüsen auf den Blättern ausscheiden. Auf den Blättern finden wir dann oft das weiße auskristallisierte Salz in der Sonne glänzen (Abb. 7). Bei bedecktem Himmel aber oder an schattigen Standorten zieht es durch seine bekannte hygroskopische Eigenschaft soviel Wasser an, daß es nicht nur feucht wird, sondern sich löst und von den Blättern abtropft, neuen Raum für weitere Salzausscheidungen schaffend.

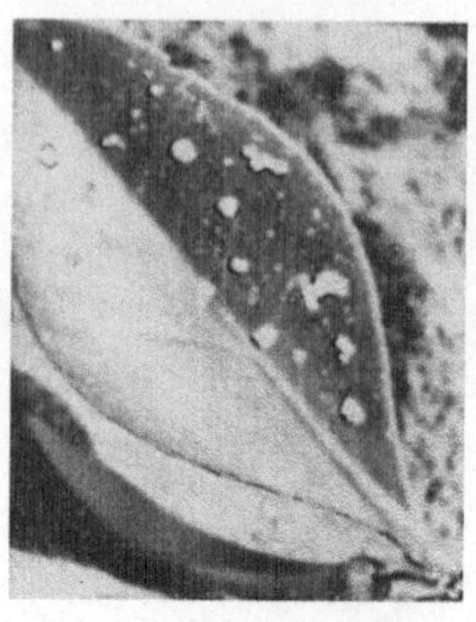

Abb. 7. Blatt eines Mangrove-Baumes mit Salzausscheidungen (Avicennia).

Die Sauerstoffversorgung der Wurzeln in diesem Küstenschlick und unter dem Wasser wird bei mehreren Arten, etwa bei den Sonneratia- und Avicennia-Arten durch Nebenwurzeln erreicht, die senkrecht aus dem Boden herauswachsen, als „Atemwurzeln" den Sauerstoff der Luft aufnehmen und ihn zu den im Schlick wachsenden Wurzelteilen weiterleiten (Abb. 4).

Die bei der Gattung Rhizophora (griech., „Wurzeltragende") vorkommenden Stelzwurzeln, die oft sogar noch aus den Baumkronen herunterwachsen und den Bäumen dann abenteuerliche Formen geben, dienen nicht nur der festen Verankerung im Boden, der erhöhten Widerstandskraft gegen die Meeresströmungen, vielmehr können auch sie mit den aus dem Wasser herausragenden Teilen durch deren Rindenporen Sauerstoff aufnehmen und nach unten leiten, so daß im Gewebe der im Schlamm steckenden Wurzelteile immer eine ausreichende Zellatmung möglich ist, die die Wurzeln aller Pflanzen, wie wir jetzt wissen, auch für ihre Arbeitsleistungen, besonders für die Aufnahme von Wasser und Nährsalzen benötigen. Diese Wurzeln sind übrigens fast immer reichlich verzweigt; das beruht ausschließlich auf der Tätigkeit eines Borkenkäfers, der die Spitzen, also die Vegetationspunkte zerstört und dadurch die Regeneration von Seitenwurzeln veranlaßt.

Ebenso interessant sind die Einrichtungen zur Ermöglichung der Keimlingsentwicklung unter so ungewöhnlichen Bedingungen. Notwendig ist eine wirksame Verankerung der Keimlinge im Boden. Ebenso wichtig ist ein schnelles Emporwachsen von der Bodenoberfläche bis zu Höhen, die nicht mehr regelmäßig von der Flut bespült werden.

Auf verschiedenen Wegen werden diese Bedingungen erfüllt. Samen mit langen Ruheperioden, wie sie für die meisten Arten der gemäßigten Zonen charakteristisch sind, gibt es hier noch weniger als in den übrigen Teilen des tropischen Regenwaldes. Die uns so selbstverständlich erscheinende monate- oder gar jahrelange Ruhe von Samen ist in den Tropen selten. Diese Ruhefähigkeit ist eine Anpassung an Gebiete mit Winter- oder Kältemonaten. In den immerfeuchten Tropengebieten ist sie meist nicht notwendig, da ja keine ungünstige Jahreszeit überdauert werden muß. Gerade in der Mangrove aber kann die Samenruhe darüber hinaus sehr nachteilig sein. Der Same würde, von allen seinen Feinden im Reich der Tiere und der Mikroben abgesehen, von den Wasserströmungen fortgespült werden, bevor er keimt.

Abb. 8. Keimling des Mangrove-Baumes Avicennia, wenige Stunden nach der Ablösung der Frucht vom Mutterbaum.

Bei den meisten Arten der Mangrove bleiben die Samen nur wenige Tage keimfähig. Wenn sie kaum die Mutterpflanze verlassen haben, beginnen sie auch schon zu keimen. Bei Avicennia halten sich bereits die jungen Keimlinge mit borstenartigen Befestigungshaaren des unter den Keimblättern liegenden Sproßteils im Schlick fest, so daß sie nicht fortgespült werden können (Abb. 8). Schon bei Avicennia kann man überhaupt nicht mehr von einer eigentlichen Samenbildung sprechen. Die Keimlinge sind bereits in der Frucht sehr weit entwickelt; eine Unterbrechung durch eine Ruheperiode gibt es nicht, die aus den abgefallenen und im Wasser platzenden

Früchten befreiten Keimlinge wachsen vielmehr unmittelbar im Schlick weiter. Dabei kann die Frucht gerade vorher noch etwas vom Meer fortgespült werden, so daß neue Standorte besiedelt werden. Noch extremer findet sich dieses Lebendgebären (Viviparie) bei Rhizophora. Hier zeigen die Keimlinge auch keine Ruheperiode, wachsen aber an der Mutterpflanze sogar schon bis zu sehr ansehnlichen Längen aus der Frucht heraus. Bei Rhizophora kann dabei die Länge des Hypokotyls, also des unter den Keimblättern liegenden Sproßgliedes, reichlich $^1/_2$ m erreichen (Abb. 9). Der abfallende riesige Keimling bildet schon nach wenigen Stunden Wurzeln. Er bohrt sich beim Abfallen entweder (bei Ebbe) sofort in den Schlick ein, wächst dann also unter der Mutterpflanze weiter, oder er wird (bei Flut) vom Wasser fortgespült und nach einiger Zeit, wenn er irgendwo liegenbleibt, krümmt sich der untere Teil des waagerecht auf dem Boden liegenden Keimlings in den Schlamm hinein, um dort Wurzeln zu bilden, während sich der Gipfelteil aufwärts krümmt. Sehr früh können diese Keimlinge von Rhizophora auch schon ihre ersten Stelzwurzeln entwickeln.

Abb. 9. Lebendgebären bei einem Mangrove-Baum: Rhizophora mit Blüten und langen Embryonen.

Abb. 10. Aus der Krone herabhängende Frucht von Sonneratia.

Andere Arten, die nicht diese Viviparie zeigen, können, wie z. B. der Acanthus, in ihren Samen doch wenigstens ungewöhnlich weit entwickelte Embryonen besitzen, die die Keimlinge zu schnellem Emporwachsen befähigen, ihnen also gute Startbedingungen für den Kampf mit Schlick und Wasser bieten.

In der Höhe der Stämme, die etwa 20—30 m erreicht, und in den Lichtverhältnissen im Innern des Waldes erinnert die Mangrove, abgesehen von den weiter zum Meer vorgeschobenen Teilen, an Laubwälder der gemäßigten Zonen. Es kommt also viel mehr Licht, nämlich ähnlich wie in unseren Buchenwäldern etwa 5%, zum Boden, als in den Hauptteilen des tropischen Regenwaldes. Von diesen anderen Wäldern unterscheidet sich die Mangrove aber vor allem durch das weitgehende Fehlen der Epiphyten. Die salzreiche Oberfläche der Blätter und Äste macht es den meisten der höheren und niederen Pflanzen, die sonst als Epiphyten auftreten, unmöglich, sich hier anzusiedeln. Selten finden wir, wo selbst das von den Kronendächern heruntertropfende Wasser stark salzig schmeckt, ein Moos; auch Farne und Blütenpflanzen sind höchstens mit wenigen Arten als Epiphyten vertreten.

Abb. 11. Stelzwurzeln im Rhizophora-Wald.

Nur schwer kann sich der Mensch durch das Wurzelwerk der Mangroven hindurcharbeiten (Abb. 11); besser wählt er die Flußläufe. So tun es auch die Einheimischen, die in der Mangrove Holz schlagen zur Gewinnung von Bau- und Brennmaterial sowie von Gerbstoff aus der Rhizophora-Rinde. Genutzt werden auch die Wedel der Nipa-Palme, mit denen in weiten Gebieten des tropischen Asien die Dächer der Bambushäuser gedeckt

Abb. 12. Nipa-Palme in der inneren Mangrove-Zone.

werden. Der wissenschaftliche Name der Pflanze ist auch von ihrer in der malayischen Region üblichen Bezeichnung („nipa“) abgeleitet.

Abb. 13. Acrostichum aureum, ein Farn der Süßwassersümpfe mit blechartigen Wedeln.

Von den Sonneratia-Bäumen erntet der Mensch die an langen Fäden herunterhängenden Früchte (Abb. 10). Sie sind so leicht zu erreichen, daß sie auch von Fledermäusen aufgesucht werden, die aber vor allem in den Blüten Nektar und Pollen suchen und dadurch die wichtigsten Bestäuber sind. Wie andere Fledermausblumen öffnen sich die Sonneratia-Blüten erst nach dem Sonnenuntergang und locken dann mit ihrem widerwärtig süßen Geruch, den sie mit allen Fledermausblumen gemeinsam haben, ihre Gäste an. Beobachten wir einen Sonneratia-Baum in den ersten Nachtstunden, so werden wir leicht sehen, wie zahlreich der Besuch durch die Fledermäuse ist, unter deren Gewicht die Zweige nacheinander in lebhafte Pendelbewegung versetzt werden.

Nicht mehr zur Mangrove-Zone, sondern schon zum anschliesenden Süßwassersumpf muß man die Bestände des Farnes Acrostichum aureum mit seinen 2 oder 3 m langen, fast metallharten Wedeln rechnen (Abb. 13). Doch bevor wir uns diesen Sumpfwäldern zuwenden, wollen wir zunächst noch die Vegetation des Sandstrandes und der Steilküsten betrachten.

3. Der Sandstrand und die Steilküsten

Selbst auf dem Sandstrand der Tropen leben Bäume, oft sogar in waldartigen Beständen. So können wir an tropischen Küsten der ganzen Welt lange, wenn auch meist nur schmale Säume von

Abb. 14. Das typische Bild der Küste mit Kokospalmen.

Kokospalmen beobachten (Abb. 14). Die meisten dieser Palmen wurden allerdings vom Menschen gepflanzt, und zwar nicht nur am Meeresstrand: Die Kokospalme braucht, wenn sie vom

Menschen gepflegt wird, nicht unbedingt die Nähe des Seewassers und des Strandes. Nur für ihre natürliche Verbreitung ist sie auf den Strand angewiesen, weil allein dort ihre Früchte die Möglichkeiten zu ihrer Verbreitung ausnutzen können, die ihnen ohne Hilfe des Menschen zur Verfügung stehen. Sie schwimmen nämlich mit Hilfe ihrer lufthaltigen Faserschichten im Meer und werden mit den Wasserströmungen verbreitet. So oft und schon seit so vielen Jahrhunderten wird die Kokospalme angebaut, daß nicht einmal mit Sicherheit entschieden werden konnte, ob sie in der Alten oder in der Neuen Welt ihre Urheimat hat. Nur indirekte Hinweise besitzen wir, so etwa den, daß in den Tropen der Alten Welt eine Krabbe vorkommt, die sich auf Kokosnüsse spezialisiert hat: Sie erklettert die Palme, wirft Nüsse herunter und verzehrt dann am Boden die abgeworfenen Früchte.

Die natürlichen Verbreitungsgebiete der Kokosnuß also sind die Küstenstrecken. Dort kann jeder Strand, auch neu aus dem Meer auftauchende Koralleninseln, leicht durch heranschwimmende Kokosnüsse neu besiedelt werden. So erreichte diese Palme auch den Krakatau bald nach der bekannten vulkanischen Riesenkatastrophe im Jahre 1883. Selbst nach mehrmonatigem Aufenthalt im Wasser sind die Kokosnüsse noch keimfähig. Daher ist die weite Verbreitung nicht erstaunlich. Überall wo die Kokosnuß nicht auf den sauerstoffarmen Schlickboden gelangt, der eine Mangrove entstehen läßt, sondern auf den gut luftdurchlässigen Sandboden und wo das Sonnenlicht nicht von anderen Bäumen ferngehalten wird, findet sie einen ihr zusagenden Standort. So lichtliebend ist sie, daß man sie selbst am Strand immer noch zum offenen Himmel über dem Meer gekrümmt vorfindet. Auch die Früchte einiger anderer Strandbäume werden durch die Meeresströmungen verbreitet. So die von Casuarina equisetifolia (Abb. 15), einem in der Wuchsform und in der Blattgestalt an Nadelbäume erinnernden Baum, dessen meiste Verwandte, die eine eigene Familie bilden, im Binnenland Australiens leben. Nur eben jene Art konnte sich durch ihre Anpassung an das Strandleben und durch die Schwimmfähigkeit ihrer Früchte so weit ausbreiten. Diese Art kommt von Afrika bis Polynesien, und zwar namentlich auf den Inseln des Indischen und Pazifischen Ozeans vor. Manchen Inseln in diesem Bereich fehlt sie allerdings. Auch diese Casuarina ist ein lichtliebender Baum, dessen Samen im Schatten der eigenen Mutterbäume nicht

Abb. 15. Zweig von Casuarina equisetifolia (d. h. der „schachtelhalmblättrigen“ C.), eines in Ostasien häufigen Strandbaumes.

Abb. 16. Pandanus tectorius am Strand.

mehr zu keimen vermögen, so daß die Casuarina leicht von anderen Arten verdrängt werden kann. So etwa von den gewaltigen Barringtonien, die wieder einer uns fremden Familie angehören und durch faserige Schwimmfrüchte ausgezeichnet sind. In den Tropen der Alten Welt können wir auch dichte Bestände einer Schraubenpalme (Pandanus tectorius) am Meeres-

Abb. 17. Besiedlung des Strandes durch Ipomoea pes-caprae.

strand finden (Abb. 16). Ihre derben Blätter werden wie die anderer Pandanus-Arten von der einheimischen Bevölkerung zur Anfertigung von vielerlei Flechtwerk, auch, wie der Artname „tectorius“ besagt, zum Dachdecken benutzt (Pandanus kommt von der malayischen Bezeichnung „pandang“). Die Pandanus-Früchte werden nicht nur vom Meere, sondern auch von fruchtfressenden Fledermäusen verbreitet. Beides haben sie gemeinsam mit einigen anderen Bäumen der tropischen Küsten. Die Früchte einiger dieser Bäume erhöhen ihre Schwimmfähigkeit durch ein faseriges, luftführendes Gewebe. Hierdurch und durch die lange Lebensfähigkeit im Wasser sind sie hervorragend für das Leben am Strande geeignet.

Neben diesen Bäumen seien wenigstens auch noch einige der krautigen Pflanzen erwähnt, die sich oft noch weiter zum Meer vorwagen als die erwähnten Bäume (abgesehen von der Kokospalme). Da gibt es z. B. in den Tropen der Alten und der Neuen Welt eine viele Meter weit kriechende Pflanze, die auch den Nichtbotaniker durch ihre großen violetten Blüten an einige unserer kletternden Zierpflanzen erinnern wird, nämlich an

Abb. 18.
Blätter und Blüten von Ipomoea pes-caprae.

Vertreter der mit unserer Acker- und Zaunwinde verwandten Gattung Ipomoea, zu der sie tatsächlich auch gehört (Abb. 17, 18). Wegen ihrer Ziegenfüßen ähnelnden Blattform heißt sie Ipomoea pes-caprae, also „Geißblatt-Ipomoea". Die langen, für selbständiges Aufrechtwachsen viel zu schwachen Sprosse hat sie mit den anderen Arten der Gattung gemeinsam; aber sie hat das Klettern aufgegeben und ist zum Kriechen auf dem Strand übergegangen, wo sie oft der erste oder gar einzige Besiedler auf den salzreichen Teilen ist. Kriechende Pflanzen herrschen ja auch in der gemäßigten Zone unter diesen Ansiedlern auf dem Meeresstrand vor. So sind wir nicht erstaunt, am tropischen Strand noch weitere mit langen Ausläufern wachsende Arten zu finden. In der Alten Welt wird uns dabei vor allem ein inter-

Abb. 19.
Die Ausläufer des Strandgrases Spinifex litorius.

essantes Gras auffallen: Spinifex (Abb. 19) (griech., die „Stachelbildende"). Die stacheligen Tragblätter der weiblichen Ährchen wachsen weit vor und bilden alle gemeinsam ein lockeres leichtes Köpfchen, das sich beim Reifen von der Pflanze ablöst (Abb. 20). Es wird dann schon vom leichtesten Windzug, wie ein geworfener Ball schnell rollend, über die Sandflächen getrieben und kann so zur Verbreitung dieses eigentümlichen Grases beitragen. In manchen Gebieten kann diese Pflanze dank ihrer leichten Ausbreitung mit den Ausläufern und mit jenen rollenden Kugeln rasch ausgedehnte Strandflächen besiedeln. Die blaugrauen Blätter sind hart und zerschneiden leicht die Haut ungeschützter Beine.

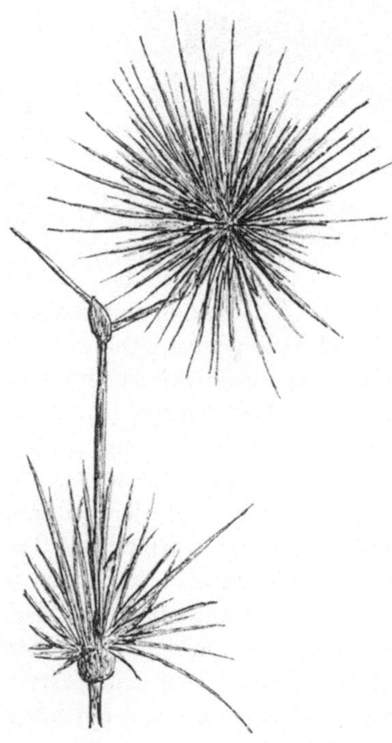

Abb. 20. Die kugeligen Fruchtstände von Spinifex litorius.

4. Die Sumpfwälder

In vielen Gebieten der Tropen, namentlich der tropischen Inseln, ist das Land bis zur Entfernung von 50 oder 100 km oder mehr von der Küste fort so niedrig, daß es nur zu den Ebbezeiten über der Oberfläche des Meeres liegt. Die Fluten überspülen es zwar nicht mit See- oder Brackwasser, drängen aber doch das in den vielen Flußläufen zur Ebbezeit nur langsam strömende Wasser so weit zurück, daß der ganze Raum zwischen den einzelnen Flüssen und Flußmündungen sich immer wieder mit einer oft 1—2 m tiefen Wasserschicht bedeckt. Diese Süßwassersümpfe stellen an die Pflanzen in vielfacher Hinsicht Anforderungen, die mit denen in der Mangrove vergleichbar sind. Die Sauerstoffarmut des Bodens zwingt die Pflanzen, ihre Wurzeln ebenso flach unterhalb der Bodenoberfläche verlaufen zu lassen, wie in der Mangrove. Die Ähnlichkeit in den Lebensbedingungen ließ sogar den Ausdruck „Süßwassermangrove“ entstehen. Auch hier sehen wir oft noch aus dem Boden herauswachsende Luftwurzeln und von den Stämmen kommende Stelzwurzeln. So ist in diesen Süßwassersümpfen die Anzahl der Baumarten ebenfalls notwendig begrenzt. Es treten aber doch viele Gattungen auf, die für die übrigen Teile des Regenwaldes charakteristisch sind. Und es sind immerhin schon so viele Arten, die hier gut vorankommen, daß für die Mangrove-Bäume des See- und Brackwassers kein Platz mehr bleibt.

Eine Aufzählung von Baumarten dieser Süßwassersümpfe würde eine lange Liste ergeben. Die Arten gehören vielen Gattungen und mehreren Familien an. Meist sind die Stämme nicht so hoch wie in den sumpffreien Gebieten; Baumhöhen über 20—25 m sind schon selten.

Wir erwähnten, daß auch ein Farn, Acrostichum aureum (Abb. 13), weite Strecken der Süßwassersümpfe bedecken kann. Und hier darf ferner die Sagopalme (Abb. 21) nicht vergessen werden, die namentlich in den Sümpfen von Neu-Guinea eine so große Rolle spielt, in anderen tropischen Ländern, wo sie nicht natürlich vorkommt, aber oft genug vom Menschen in den Süßwassersümpfen angepflanzt wird. Mit der Blüte und Frucht stirbt die Sagopalme ab, da sie keinen weiteren Vegetationspunkt besitzt als den einen, der zunächst Blätter bildet. Wird die Pflanze älter, so äußert sich das in der Bildung kleinerer und schwächerer Blattwedel, bis schließlich die Fähigkeit zur Blattbildung ganz aufhört und der Vegetationspunkt „nur“ noch den Blütenstand zu bilden vermag. Es ist das ein Gesetz der Blütenbildung, dem wir immer wieder begegnen: Solange junge Blätter entstehen, können sich keine Blütenanlagen bilden. Erst wenn die Blätter alt werden (an Bäumen etwa kurz vor dem Laubfall) oder wenn die Fähigkeit zur Blattbildung endgültig erlischt (wie eben z. B. bei der Sagopalme), können Blüten angelegt werden. Bevor bei der Sagopalme die Blüten und Früchte den Stärkevorrat aus dem Mark des Stammes verbrauchen, muß die Ernte, also das Schlagen des Stammes erfolgen; denn eben diese Stärke wird ja als „Sago“ verwertet.

Abb. 21.
Blühende Sagopalme im Sumpfwald.

Da Wasser und Luft im Bereich der Süßwassersümpfe kein Salz enthalten, können hier viel mehr Lianen und Epiphyten den ihnen zusagenden Lebensraum finden.

Je weniger das Wasser zu den Flutzeiten oder nach Regenfällen ansteigt, um so mehr können sich in diesen Sumpfwäldern auch schon Stauden und Kräuter entwickeln.

5. Regenwälder im engeren Sinn

Die größten Flächen im Gebiet des tropischen Regenwaldklimas werden natürlich von den Regenwäldern im engeren Sinn eingenommen, in denen die Wurzelsysteme der Bäume nicht mehr regelmäßig vom Wasser überspült werden und die auch noch nicht den niedrigen Temperaturen größerer Höhen ausgesetzt sind. Es sind also die Wälder, in denen der Boden mindestens so hoch liegt wie der normale Hochwasserstand der Meere und höchstens 500 m oder (in anderen Tropenteilen) 1000 m über dem Meeresspiegel.

Noch jetzt gibt es tropische Inseln, wie etwa Sumatra und Borneo, in denen bei weitem der größte Teil des ganzen Landes mit solchen Wäldern bedeckt ist. Hier herrscht die genannte große Fülle von Baumarten, obwohl es auch tropische Regenwälder gibt, die fast nur aus ein und derselben Art zusammengesetzt sind.

Der Artenreichtum bedingt eine eigentümliche äußere Struktur dieser Wälder. Jeder Baum hat ja mehr oder weniger eine spezifische Form und Höhe. So zeigt sich beim Blicken über solche Wälder ein überaus unregelmäßiges Bild. Wir sehen kein einheitliches Kronendach, weil eben Bäume mit schmalen, kegel- oder spindelförmigen Kronen neben anderen mit schirmförmigen Kronen, einzelne 50 oder gar 60 m hohe Riesen neben anderen stehen, die nur die Höhe von Bäumen der gemäßigten Zonen, also 20 oder 30 m, erreichen können (Abb. 22). Diese Unregelmäßigkeit des Kronendaches führt natürlich auch zu einer recht uneinheitlichen Lichtverteilung im Innern des Waldes. An einigen Stellen gelangt weniger als $^1/_{100}$, gelegentlich nur $^1/_{1000}$ des vollen Sonnenlichts zum Erdboden; andere Stellen aber können recht gut beleuchtet sein.

Wenn auch die Lichtverteilung im Waldinnern ungleichmäßig ist, dürfen wir doch sagen, daß der Wald im Durchschnitt dunkler ist als die Laubwälder der gemäßigten Zonen. Wo nur $^1/_{100}$ des vollen Sonnenlichtes hinkommt, ist die Lichtintensität nicht etwa, wie gelegentlich gemeint wurde, immer noch höher als in einem europäischen Waldschatten mit $^1/_{100}$ des Lichtes der europäischen Sonne; das ungeschwächte Sonnenlicht ist nämlich in den Tropen nicht stärker als bei uns. Die Helligkeitszunahme durch den höheren Sonnenstand wird meist durch den größeren Wassergehalt in der Atmosphäre ausgeglichen.

Abb. 22. Einer der bis 60 m hohen tropisch-asiatischen Bäume, dessen Verzweigung erst oberhalb der Kronen der meisten anderen Bäume beginnt (Altingia excelsa).

An vielen Bäumen fallen uns interessante Wurzelbildungen auf, besonders Stelzwurzeln und Brettwurzeln (Abb. 23). Die Bodenvegetation kann selbst an schattigen Stellen noch recht dicht sein.

Besonders bemerkenswert aber sind die vielen kletternden Pflanzen und die ebenso häufigen Epiphyten.

Die einzelnen Baumarten zu bestimmen, ist nicht leicht, weil die Stämme meist dicht mit Moosen und Farnen bedeckt sind.

Abb. 23. Blick in einen Wald des tropischen Tieflandes (Sumatra).

Die Kronen der einzelnen Bäume gehen so weit ineinander über, daß man nicht ohne Schwierigkeit die im Kronendach entdeckten Blüten oder Früchte einem bestimmten Stamm zuordnen kann. Überhaupt darf man nicht etwa mit einer Blütenpracht rechnen. Zwar wird man immer wieder blühende Bäume, Sträucher oder Kräuter finden; aber da sich die Blütezeit ebenso wie der Laubwechsel gleichmäßig über das ganze Jahr verteilen, gibt es dort nie eine solche Blütenfülle wie bei uns zu bestimmten Jahreszeiten, ebenso wie es in der Laubfärbung nie einen Frühlings-,

Sommer-, Herbst- oder Winterwald, sondern nur das im Gesamteindruck schmutzigdunkle Grün gibt.

Zum allgemeinen Eindruck, den diese Wälder vermitteln, gehört auch die große Zahl toter Stämme, die ein viel übleres Hindernis darstellen als der meist nicht übermäßig dichte Unterwuchs. Auch dann noch sind die toten Stämme hinderlich, wenn sie bereits durch und durch vermodert, von Pilzen und Insekten zerfressen sind und beim ersten Tritt in einen schmierigen Brei zerfallen.

Die schnelle Zersetzung des abfallenden Laubes und der abgebrochenen Äste verhindert die Bildung starker Humusschichten in diesen Höhenlagen. Zwar ist natürlich auch die Produktion von lebendem Material, aus dem Humus werden könnte, in diesen Wäldern größer als in denen der gemäßigten Zonen, aber hohe Temperatur fördert die Tätigkeit der abbauenden Mikroorganismen im Boden noch mehr als die Bildung von organischem Material in den Bäumen.

In den gemäßigten Zonen sind wir an Feuchtigkeiten von 60 oder 70% gewöhnt und werden schon eine Luft mit 80% Wassersättigung als sehr feucht bezeichnen; in den Tropen können wir regelmäßig 85—90% messen, aber im Regenwald selbst sind es oft Tag und Nacht hindurch zwischen 95 und 100%, an manchen Stellen sogar immer zwischen 97 und 100%. Natürlich ist die Feuchtigkeit in den bodennahen Schichten, die zugleich auch die lichtärmsten sind, am höchsten. Der Wald ist so feucht, daß es fortgesetzt von den Blättern tropfen kann, auch dann, wenn es längere Zeit nicht geregnet hat. Die Regentropfen verdampfen hier natürlich nur sehr langsam, und viele Pflanzen, namentlich zahlreiche Epiphyten haben Einrichtungen zum Festhalten des Wassers, von dem dann nach und nach etwas heruntertropft.

Die durchschnittliche Temperatur ist im Wald ebenso wie an unbewaldeten Stellen Monat für Monat die gleiche. Aber die Schwankungen zwischen Tag und Nacht können im Schatten der Bäume noch geringer sein als an freien Stellen. Mag die Tagestemperatur in einem Wald auf Sumatra oder Borneo auf offenem Feld etwa 32°, die Nachttemperatur etwa 22° betragen, so können im Innern des Waldes, besonders in der Bodennähe, die Extremwerte zwischen nur 27 und 24% liegen.

In diesem dumpfen Urwald sind selbstverständlich sehr gute Feuchtigkeitsbedingungen für ein fortgesetzt üppiges Wachstum dieser Pflanzen gegeben. Freilich gibt es nur einzelne Arten, denen die hohe Luftfeuchtigkeit genügend Ausgleich für das geringe Licht bieten kann. Die meisten Arten können höchstens vorübergehend im Schatten der Bodennähe wachsen, zur vollen Entwicklung kommen sie erst, wenn sie wachsend oder kletternd das Kronendach erreicht haben, oder wenn sie gleich als Epiphyten ihre Entwicklung im Kronendach beginnen. Manche auch können sich mit dem Schatten nur begnügen, weil sie als Parasiten ihre Nahrungsstoffe aus anderen Pflanzen holen.

Auf den Menschen wirken diese Schwüle und dieses Dämmerlicht natürlich bedrückend. Hinzu kommt noch, daß ein Wandern im Wald einen fortgesetzten Kampf mit den Hindernissen von Lianen und vor allem von umgefallenen Baumriesen bedeutet. Die Kleidung ist ständig durchfeuchtet und nimmt bald einen üblen Modergeruch an.

6. Die Bergwälder

Hunderte von Baumarten birgt auf engem Raum der eigentliche Regenwald, von dem wir eben sprachen. Je höher wir aber im Hügel- und Bergland emporsteigen, um so mehr ändert sich diese Zusammensetzung. Es gibt unter den Bäumen, die im niederen Tiefland wachsen, doch einzelne, die so extrem an die höchsten Temperaturen angepaßt sind, daß sie schon in einer Meereshöhe von 50—100 m, wo die durchschnittliche Temperatur noch nicht 1° niedriger ist als an der Küste, von anderen Arten zurückgedrängt werden. Wenn wir aber in Höhen von 500—1000 m kommen, so sehen wir immer mehr die rein tropischen Gattungen zurücktreten. Der Botaniker muß sich im Wald der tieferen Lagen mit Bäumen beschäftigen, die Gattungen, oft sogar Familien angehören, welche bei uns nicht oder nur durch einige Kräuter oder Sträucher vertreten sind. Die fremden Namen dieser Familien selber deuten schon dem mit unserer heimischen Pflanzenwelt Vertrauten die Fremdartigkeit an. In den Tropen der Alten Welt können z. B. die Dipterocarpaceen mit mehreren Gattungen und Arten vertreten sein, oder es mögen Myrtaceen wie Eugenia (Kirschmyrte), Sapotaceen, Dilleniaceen, Ebenaceen (etwa das bekannte Ebenholz), Burseraceen und Meliaceen vorkommen. Manche der Bäume dieser Familien liefern der einheimischen Bevölkerung eßbare Früchte, die dem Neuling in den Tropen nicht einmal dem Namen nach bekannt sind. Höher in den Bergen aber verschwinden diese Formen nach und nach. Dafür können wir aber in den Tropen Asiens Bäume antreffen, nämlich Eichen und Kastanien, die zu uns vertrauten Gattungen gehören. Zwar sind es nicht die uns aus Europa bekannten Arten, aber eben doch nahe Verwandte von ihnen.

Auch in einigen anderen Punkten kann der montane Wald etwas mehr an die Wälder gemäßigter Zonen erinnern. Wir sehen nicht mehr das Gewirr von Brettwurzeln und Stelzwurzeln, das für die sauerstoff- und humusarmen Böden der Niederungen so charakteristisch ist. Und die Humusschicht selber finden wir mächtiger, je höher wir in den Bergen emporklettern; denn die niedrige Temperatur hemmt ja die Tätigkeit der humuszersetzenden Mikroorganismen.

Die Blätter der Bäume sind in dieser Region meist kleiner als im Tiefland; auch nadelförmige Blätter können immer reichlicher auftreten.

Die Lianen sind weniger zahlreich. Unter den Epiphyten werden die krautigen Formen, auch die Farne und Moose, häufiger. Orchideen können wir hier oft reichlicher vertreten sehen als in anderen Teilen der Wälder.

Zu den montanen Wäldern gehört vor allem noch die schon erwähnte extrem feuchte Region, in der der Wald zum „Nebelwald“ wird. In dieser besonders feuchten Region, die meist etwa von 1500—2000 m liegt, sind zarte Farne und Moose überaus begünstigt. Treffend spricht man auch von einem Mooswald. Es ist kaum vorstellbar, mit wie dichten, oft schwammartigen Polstern von Moosen und Farnen der Erdboden, noch viel mehr aber die Stämme und Äste der Bäume bedeckt sind. Aus manchen dieser Polster kann man wie aus einem wassergesättigten Schwamm die Flüssigkeit auspressen. Selbst Wasserpflanzen und kleine Wassertiere können in diesen aufgesogenen Wassermengen leben. Viel mehr noch als in den tieferen Lagen sind auch die Blätter nicht nur von Flechten, sondern von ansehnlichen Laub- und Lebermoosen bewachsen. Viele der niederen Pflanzen haben sich dieser „epiphyllen“ Lebensweise, die also einen Sonderfall der epiphytischen darstellt, durch Einrichtungen zum Festhaften, zur Wasseraufnahme und Wasserspeicherung sehr gut angepaßt.

7. Die alpine Region der Berggipfel

Ziemlich scharf kann die ständig von Nebel eingehüllte Zone nach oben begrenzt sein. Daher können wir auch beim Besteigen der Berge recht unvermittelt in einem ganz anderen Typus von Wäldern stehen. Die Zahl der Arten wird hier, wo es nicht nur (etwa in 2500 m Höhe) schon recht kühl, sondern auch viel trockener ist, merklich kleiner. Moose und Farne werden seltener, und wo wir noch Vertreter von ihnen finden, sind es ganz andere Arten als die, denen wir vorher begegneten. Flechten werden häufig.

Unter den Bäumen treffen wir in der alpinen Region der Tropen Asiens oft Ericaceen, also Angehörige der gleichen Familie, zu der unsere Heidekräuter und Heidelbeeren oder unsere Alpenrosen gehören. Sogar die gleichen Gattungen können es sein, z. B. Vaccinium-Bäume, d. h. nächste Verwandte unserer Heidel- und Preiselbeeren. Wir finden viele Rhododendren, doch meist nicht solche Zwergbüsche wie bei unseren Alpenrosen, sondern gewaltige Bäume oder Sträucher, die ebenso wie Vaccinium entweder epiphytisch auf Bäumen wachsen, oder (in noch größeren Höhen) im Erdboden verwurzelt sind.

Haben wir in 3000—3500 m Höhe (bei niedrigen Bergen schon früher) die Baumgrenze erreicht, so können wir in den Tropen der Alten Welt noch mehr Pflanzen aus Familien finden, die uns von der europäischen Heimat vertraut sind. Auf den Bergen des tropischen Asien werden wir eine große Zahl solcher Formen antreffen, so etwa Korbblütler, die durch das „javanische Edelweiß“ (Abb. 24) vertreten sein können, eine Primel, Hahnenfußgewächse oder Enzian. Unter den niederen Pflanzen der Berggipfel können sogar Arten sein, die wir aus Europa kennen; so etwa einige Bärlapp-Arten, die kosmopolitisch sind, in den Tropen aber eben nur die Berggipfel besiedeln.

Es ist gar nicht leicht zu verstehen, wie sich diese Gattungen und Familien über so weite Gebiete ausgedehnt haben; denn wir dürfen ja nicht übersehen, daß sie in den Tälern nie wachsen, mindestens nie blühen, also auch keine Samen bilden. Wandern können sie nur auf Gebirgsketten, nicht jedoch von einem Gebirge zum nächsten. Sie leben jetzt praktisch wie auf Inseln; und nicht selten können wir solche Arten, es gehört etwa die Primel der malayischen Region dazu, auf bestimmten Gipfeln Sumatras oder Javas reichlich finden, während sie schon auf benachbarten fehlen. Andererseits kommt etwa die gleiche

Abb. 24. Das javanische Edelweiß (Anaphalis javanica).

Primelart auf den Bergen des Himalaya reichlich vor. Nachdem es klar wird, daß diese Arten in Tälern ebenso wenig wandern können wie andere Pflanzen von Inseln über die Meere hinweg, ist die Verbreitung nur denkbar, wenn man annimmt, sie habe sich vollzogen, als noch zusammenhängende Gebirgszüge die jetzt isoliert stehenden Fundorte, etwa auch das asiatische Festland mit den tropisch-asiatischen Inseln vereinten. Solche pflanzengeographischen Befunde dienen den Geographen oft als Hinweise auf weit zurückliegende Veränderungen der Erdoberfläche.

8. Ursachen der Höhen-Zonierung

Der wichtigste Faktor für die Besonderheiten der Vegetation in verschiedenen Höhenlagen ist natürlich die mit zunehmender

Höhe abnehmende Temperatur. Die Verschiedenheiten der Feuchtigkeit sind mehr für die unterschiedliche Üppigkeit als für die unterschiedliche Zusammensetzung der Vegetation verantwortlich. Es mag verwundern, daß schon geringe Unterschiede der Temperatur auch eine qualitative Veränderung des Pflanzenbestandes hervorrufen und sich nicht ebenfalls nur in verschiedener Üppigkeit äußern. Der Temperatureinfluß ist aber nicht mehr überraschend, wenn wir sehen, daß viele Arten für ihre Blütenbildung auf eine niedere Temperatur angewiesen sind. Diese Tatsache ist als ein ganz wesentlicher Faktor für die Höhen-Zonierung erkannt worden. Manche der für die Höhen charakteristischen Arten können sich zwar in niedrigen Lagen sehr gut vegetativ entwickeln; sie sind aber nicht in der Lage, dabei Blüten zu bilden. Wichtiger noch als die Tagestemperaturen scheinen dabei die Nachttemperaturen zu sein. Dabei sind die tropischen Pflanzen so sehr auf die im einleitenden Abschnitt genannte Gleichmäßigkeit eingestellt, daß an der unteren Höhengrenze des Vorkommens schon einige Wochen des Jahres mit einer vielleicht um 1° niedrigeren Nachttemperatur die Blütezeit auf bestimmte Jahreszeiten festlegen können. So entsteht eine jahreszeitliche Blühperiodizität, die uns zunächst in einem derart gleichmäßigen Klima rätselhaft erscheint. Höher in den Bergen können die gleichen Arten dann natürlich in allen Monaten des Jahres blühen (sofern nicht andere Bedingungen regulierend eingreifen).

Die Temperatur nun, die zur Induktion einer Blütenbildung wenigstens einige Tage oder Wochen im Jahr unterschritten werden muß, ist für die einzelnen Arten, soweit sie eine solche Abhängigkeit überhaupt zeigen, spezifisch. Daher sind solche Arten dann, wie wir sahen, oft streng auf höhere Berge beschränkt und können nicht einmal, sofern nicht Vögel oder Winde die Samen über größere Strecken tragen, von einem Berg zum anderen wandern.

III. Über die Bäume

1. Wurzelbildungen

Einige Besonderheiten des Wurzelsystems tropischer Bäume haben wir schon erwähnt. Wir sprachen von den senkrecht aus dem Boden herauswachsenden Wurzeln bei Mangrove- und Sumpfwaldbäumen, von den Stelzwurzeln in der Mangrove und bei vielen Bäumen des gewöhnlichen Regenwaldes, von Brettwurzeln, die ebenso bei vielen Regenwaldbäumen, jedoch kaum in

Abb. 25. Brettwurzeln am Stamm einer Canarium-Art (Kanari-Baum).

der montanen Region vorkommen (Abb. 25). Ergänzend könnten wir noch knieförmige Wurzeln nennen, die bei manchen Mangrove- und Sumpfbäumen auftreten. Die Wurzelspitzen wachsen schräg aus dem Boden heraus, krümmen sich dann aber bald wieder nach unten, wachsen erneut in den Boden hinein, und kommen nach einiger Zeit, also in einer gewissen Entfernung von dem zuerst gebildeten Knie, nochmals heraus. Dieser Vorgang kann sich mehrmals wiederholen, so daß schon eine einzige Wurzel viele solche Knie bilden kann (Abb. 26), die wieder die Sauerstoffversorgung des unterirdischen Wurzelsystems unterstützen.

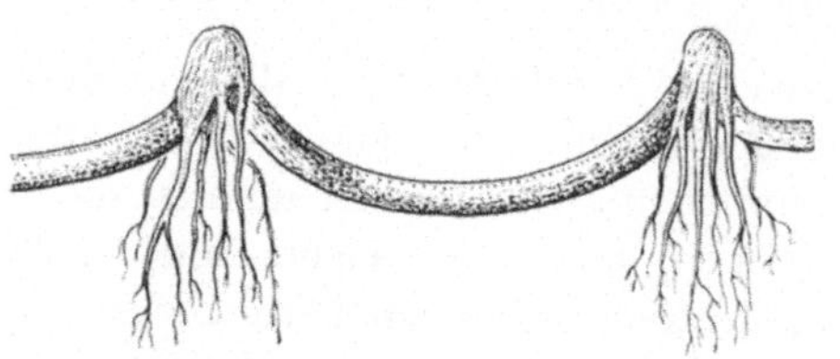

Abb. 26. Bildung von Wurzelknien.

Auch die sog. Besenwurzeln, aus dem Stamm mancher Sumpfbäume mehr oder weniger waagerecht herauswachsende Wurzeln, die sich nach den fast regelmäßig auftretenden Verletzungen ihrer Vegetationspunkte durch zahlreiche regenerativ entstehende Nebenwurzeln verzweigen, können hier noch erwähnt werden (Abb. 27). Alle diese oberirdischen Wurzelbildungen gehören zu den auffälligen Eigentümlichkeiten der tropischen Regenwälder. Da sie bei den verschiedensten Pflanzengattungen vorkommen, und da sie um so seltener werden, je höher in den Bergen der Wald wächst, muß ihr Vorkommen etwas mit den besonderen

Abb. 27. Besenwurzeln an einem Canarium-Stamm.

Bedingungen im tropischen Tiefland zu tun haben. Die hohe Temperatur selber scheint, jedenfalls direkt, nicht entscheidend zu sein. Der wichtigste Faktor für die Entstehung all dieser verschiedenen Wurzelbildungen ist wohl die Sauerstoffarmut des wasserreichen und wenig luftdurchlässigen Bodens. Auch in den gemäßigten Zonen können die Wurzeln mancher Bäume aus dem Boden herauswachsen, wenn die Erde zu wasserreich ist. Die Sauerstoffarmut führt also allgemein zu einer Umstimmung im Verhalten der Wurzeln zum Schwerefeld der Erde. Während die Wurzeln normalerweise positiven Geotropismus zeigen (d. h. durch Schwerkraftreizung in der Richtung zum Erdmittelpunkt wachsen), reagieren sie bei Sauerstoffarmut so wie die Sprosse negativ geotropisch, d. h. sie wachsen vom Erdmittelpunkt fort. Daß aber auch die Brettwurzelbildung in einer gewissen Beziehung zur Sauerstoffarmut des Bodens steht, wird deutlich, wenn wir beobachten, daß Baumarten, die in sauerstoffreichen Gebieten starke Brettwurzeln bilden, auf durchlässigerem sandigem Boden wenige oder gar keine Brettwurzeln zeigen. Die Brettwurzeln entstehen aus Seitenwurzeln, die zunächst in der Nähe der Bodenoberfläche oder sogar oberhalb des Bodens wachsen und nachträglich dann stark nach oben weiterwachsen. Zwischen ihnen und den Stelzwurzeln, die ja auch Seitenwurzeln sind (wenn auch meist stammbürtige), gibt es alle Übergänge, gelegentlich auch an ein und demselben Exemplar. Schon dadurch werden wir veranlaßt, die reichliche Bildung solcher Stelzwurzeln und überhaupt von stammbürtigen Wurzeln, einschließlich der zur Entwicklung von Besenwurzeln führenden, mit der Sauerstoffarmut des Bodens in Zusammenhang zu bringen. Aber darüber hinaus läßt sich auch für Stelzwurzeln oft feststellen, daß sie auf feuchtem, luftarmem Substrat am häufigsten sind. Allerdings gilt diese Beziehung nicht ausnahmslos, auf keinen Fall dürfen wir sagen, der Boden allein sei ausschlaggebend. Die Fähigkeit zur Bildung von Stelzwurzeln ist, wie übrigens auch weitgehend die zur Bildung von Brettwurzeln, den betr. Arten angeboren, und es kann durch die besonderen äußeren Bedingungen nur die tatsächliche Entstehung solcher Wurzelbildungen gefördert werden. Zu den fördernden Faktoren gehört auch noch die relativ dünne Rinde der meisten Tropenbäume, die große Luftfeuchtigkeit und schließlich die Tatsache, daß die unteren Teile der Stämme oft vom Hochwasser umspült werden.

Zweifellos haben diese Wurzelbildungen auch einen gewissen Nutzen für die Bäume. Aus den nach oben in die Luft wachsenden Nebenwurzeln werden ja wenigstens bei den Mangrove-Bäumen Atemwurzeln. Die Stelz- und Brettwurzeln können der festen Verankerung der Bäume dienen. Manche der oberirdischen Wurzeln können nicht nur Sauerstoff aufnehmen, sondern zugleich auch einen Teil des auf sie fallenden Regenwassers.

2. Stämme und Kronen

Viele Bäume der Regenwälder zeichnen sich durch einen hohen Stamm aus, der sich erst im obersten Drittel verzweigt. Diese geringe und auf den obersten Stammteil beschränkte Verzweigung ist nicht zufällig. Das in diesen Wäldern allgemeine „Streben nach Licht“ gilt auch für die Bäume; tieferstehende Äste würden viel zu sehr im Waldschatten stehen.

Die Kronen können verschiedene Formen haben. Bei manchen Bäumen sind sie schirmförmig, bei anderen aber auch schmal, kegel- oder spindelförmig. Die Form der Kronen, ebenso wie auch die Höhe der Stämme, ist nicht nur erblich bedingt; auch

Abb. 28. Stammquerschnitt eines tropischen Baumes (Phaleria capitata).

die besonderen Lebensumstände im Wald wirken auf die Baumkeimlinge so ein, daß derartige Formen entstehen. Vor allem ist es der Schatten unter den Kronen älterer Bäume; manche Bäume verzweigen sich viel früher, wenn sie an helleren Standorten aufwachsen. Ihr Stamm kann dann kurz bleiben, die Kronen viel breiter werden als im Waldschatten. Auf Stammquerschnitten können wir gelegentlich ebenso wie bei den Bäumen gemäßigter Regionen Zuwachszonen erkennen; aber meist ist das doch schwieriger als außerhalb der Tropen (Abb. 28). Die Zuwachszonen können undeutlich sein oder auch ganz fehlen. Wo sie vorhanden sind, brauchen sie nicht notwendig geschlossene Ringe darzustellen, sondern umspannen oft nur einen kleinen Winkel des Stammquerschnittes (Abb. 29). Und schließlich brauchen die Zuwachszonen nicht der Jahresdauer zu entsprechen, einzelne Arten können sehr wohl schon in weniger als einem Jahr eine solche Zone abschließen, andere dazu aber mehr als 12 Monate benötigen. Diese Abweichungen von dem uns gewohnten Bild sind nicht so sehr verwunderlich, wenn wir bedenken, daß ja die Jahresschwankungen der äußeren Faktoren nur gering sind. Die Temperaturverschiedenheiten der einzelnen Monate können meist ganz vernachlässigt werden. Wenn schon äußere Faktoren in den Holzzuwachs regulierend eingreifen, sind es meistens die Schwankungen der Regenmengen. Aber selbst wenn diese praktisch fehlen, können einzelne Arten noch regelmäßige oder unregelmäßige Zuwachszonen zeigen. Das braucht uns nicht mehr so sehr zu verwundern, wenn wir sehen, daß auch der Laubwechsel unter den gleichmäßigen Bedingungen des ganzen Jahres noch weiterläuft. Der Stammzuwachs wird aber weitgehend vom Laub reguliert. So müssen wir auf die Frage der Zuwachszonen bei der Besprechung des Laubwechsels noch einmal wieder zurückkommen.

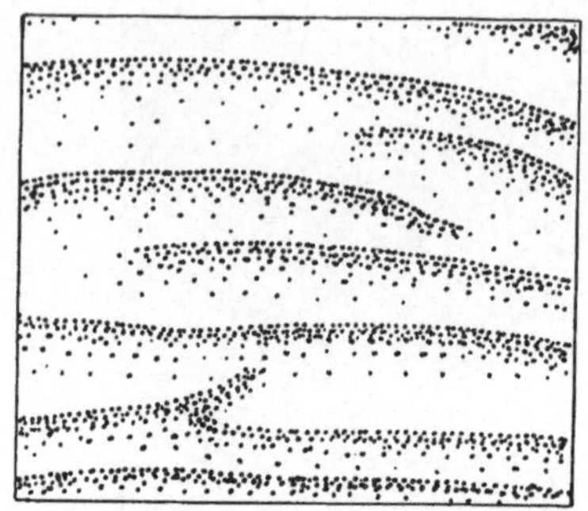

Abb. 29. Unregelmäßige Zuwachszonen im Stamm eines Tropenbaumes (Avicennia marina).

3. Laub, Laubwechsel und Laubknospen

Wie schon erwähnt wurde, steht der tropische Regenwald nie kahl, obwohl einzelne Bäume oder wenigstens einzelne Äste in ihm regelmäßig laubfrei sein können. Den Laubwechsel gibt es auch bei jedem Baum des Regenwaldes; aber es fehlt die zeitliche Regulierung durch äußere Faktoren. Aus diesen Beobachtungen hat man die wichtige Schlußfolgerung abgeleitet, daß der jahresperiodische Laubwechsel durchweg nicht ein „exogener", sondern ein „endogener", d. h. nicht ein lediglich von außen aufgezwungener, sondern ein von innen angestrebter Vorgang ist, der jedoch von außen zeitlich reguliert werden kann. Und noch eine weitere wichtige Schlußfolgerung hinsichtlich dieser Periodizität wurde aus den Beobachtungen in den Tropen abgeleitet. Ein Baum ist nicht so sehr ein Individuum wie ein Tier; denn die einzelnen Zweige können die Periodizität des Laubwechsels unabhängig voneinander zeigen. Einen Ast, oder sogar ein Teilstück eines Astes finden wir belaubt, einen anderen Ast oder ein anderes Teilstück mit altem Laub, einen dritten kahl usw. (Abb. 30). Auch diese Individualität der einzelnen Äste konnte natürlich

Abb. 30. Die Unabhängigkeit der Laubentfaltung in den einzelnen Ästen eines Regenwaldbaumes (Firmiana colorata).

nicht in einem Gebiet mit periodisch kalten Jahreszeiten beobachtet werden, weil hier eben die äußeren Faktoren die Vorgänge in allen Ästen „gleichschalten". Schließlich müssen wir aber noch erwähnen, daß die von innen angestrebte Rhythmik in den gleichmäßig feuchten Tropen nicht einmal genau 12 Monate für einen vollen Zyklus, also etwa von einem Laubfall bis zum nächsten, einzuhalten braucht. Wozu sollte das auch in solchen Gebieten notwendig sein? Es können hier genau so gut Arten leben, bei denen ein Zyklus in 7 oder 8 Monaten oder erst in 12—20 Monaten vollzogen ist. Tatsächlich finden wir solche Arten mit extrem kurzen oder extrem langen Zyklen in großer Zahl. Hierin liegt überhaupt einer der Gründe für den größeren Artenreichtum der immerfeuchten Tropen: Sie bieten Pflanzen mit den verschiedensten von innen angestrebten Entwicklungsrhythmen einen geeigneten Lebensraum. In anderen tropischen Gebieten hingegen, in denen alljährlich eine Trockenzeit von einigen Monaten herrscht, oder gar in außertropischen Ländern mit regelmäßigen kalten Jahreszeiten, konnten nur solche Pflanzen ein Fortkommen finden, deren innerer Zyklus etwa 12 Monate beträgt. Wenn der Mensch versucht, jene Bäume aus dem Regenwald auch nur in ein tropisches Gebiet mit trockenen Monaten zu verpflanzen, erlebt er, daß das in den regenarmen Monaten gebildete Laub einfach stirbt und der Baum schließlich zugrunde gehen kann. Noch stärker aber sind die Schäden natürlich, wenn der Baum in ein Land mit kalten Monaten verpflanzt wird: Er wird neue Zyklen des Laubwechsels genau so gut in den kalten wie in den warmen Monaten beginnen und daher fortgesetzt den Kältetod seiner Blätter riskieren.

Die Individualität der Äste hinsichtlich der Lauberneuerung gehört zu den auffälligsten Eigentümlichkeiten gleichmäßig feuchter Tropengebiete.

Mit dem, was wir über den Laubwechsel sagten, sind sofort auch die vorher erwähnten Besonderheiten des Holzzuwachses in den Stämmen erklärlich geworden. Wir wissen, daß der Holzzuwachs bei allen Bäumen vom Laub reguliert wird. Wenn sich die Laubknospen entfalten, beginnt, durch die von den Blättern gebildeten und zum Stamm geleiteten Hormone gesteuert, auch der Dickenzuwachs im Stamm. Kein Wunder also, daß dieser nicht immer klare Zonen erkennen läßt (wenn nämlich kleine Teiläste sich selbständig belauben und entlauben) oder Zonen, die zwar klarer sind, aber nicht um den ganzen Stamm herumlaufen (wenn nämlich ganze Äste sich selbständig einheitlich verhalten).

Der Laubwechsel ist also bei allen mehrjährigen Pflanzen, einerlei ob sie in den gemäßigten Zonen oder in den Tropen leben, eine innere Notwendigkeit. Und nur wo es biologisch nötig war, wie etwa in den periodisch trockenen oder periodisch kalten Regionen, hat sich diese innere Notwendigkeit den besonderen äußeren Faktoren angepaßt, angepaßt hinsichtlich der Länge eines vollen Zyklus, hinsichtlich seiner Regulierbarkeit durch äußere Faktoren, aber auch etwa hinsichtlich der Länge der regelmäßig eingeschobenen „Ruheperioden", in denen nur Knospen vorhanden sind. In den immerfeuchten Tropen ist diese

Periode des Kahlstehens der Äste meist nur kurz. Sie mag wenige Wochen betragen, in anderen Fällen aber auch 2—3 Monate.

An den kahlstehenden Ästen kann noch etwas anderes auffallen; sie tragen keine Knospen von der Art der Winterknospen unserer europäischen Bäume. Die Knospen sind meist grün, klein und ganz unscheinbar; keine Knospenschuppen schützen sie. Hier soll die Knospe ja nicht ungünstige Jahreszeiten überdauern, in denen ein Schutz vor Kälte und vor dem Austrocknen notwendig ist. So liegen also die Vegetationspunkte der meisten Arten im eigentlichen Regenwald verhältnismäßig ungeschützt. Wenn wir allerdings in die montanen Zonen kommen, werden wir manche Arten mit Knospen finden, die völlig den Winterknospen unserer europäischen Bäume gleichen. Wir sehen sie aber nicht bei den Vertretern der Familien, die ihre Hauptverbreitung und ihren Ursprung in den Tropen haben, sondern bei Arten, die in subtropischen und gemäßigten Zonen am weitesten verbreitet sind und von dort her stammend in die montanen Zonen der Tropenwälder eingewandert sind. Etwa bei den Eichenarten dieser montanen Wälder können wir solche Knospen antreffen. Eine biologische Notwendigkeit für derart geschützte Vegetationspunkte besteht in den montanen Wäldern nicht mehr als in den Niederungen; die Vertreter der eigentlichen tropischen Familien kommen ja auch ohne sie aus. Daß die geschützten Knospen vorhanden sind, haben wir eben nur als ein Zeugnis für die Herkunft dieser Arten aus Gebieten zu werten, in denen nicht das ganze Jahr hindurch gleichmäßig hohe Temperaturen und Wassersättigungsgrade der Luft bestehen. Ein anderes Zeugnis dieser Herkunft dürfen wir darin erblicken, daß die Eichen und Kastanien der tropisch-asiatischen Bergwälder noch ebenso wie ihre Verwandten der subtropischen und gemäßigten Länder ganz oder in ihren einzelnen Ästen gesondert länger kahl stehen (oft 3—4 Monate) als die meisten anderen Bäume des tropischen Regenwaldes. Und ein voller Zyklus des Laubwechsels entspricht bei ihnen auch strenger als bei den tropischen Gattungen der Dauer eines Jahres.

So wie die Knospen selber, zeigt auch der Vorgang ihrer Entfaltung, wenigstens bei einigen tropischen Bäumen, Besonderheiten. Nicht selten nämlich können wir das sog. Ausschütten des Laubes beobachten: Bei manchen Arten wachsen die Blätter während der Entfaltung plötzlich sehr rasch; ihre Fläche vergrößert sich sprunghaft. Die Bildung der Festigungselemente, also namentlich der Adern im Blatt, hält hiermit nicht Schritt, ebensowenig auch die Entstehung des Blattgrüns. So hängen die jungen Blätter, oft sogar ganze Triebe, schlaff und weißlich-blaß, bei manchen Arten auch von rotem Farbstoff (Anthocyan) gefärbt, aus den Ästen herunter; Das Laub wird „ausgeschüttet" (Abb. 31). So hängen dann an einem Baum, da die Entfaltung ja nicht in allen Teilen gleichmäßig erfolgt, immer wieder weiße, schlaffe Blattbüschel herunter, die sich beim geringsten Windzug leicht bewegen. Es ist oft, als seien in einem Baum weiße Taschentücher aufgehängt worden, so daß man eine dieser Arten geradezu den Taschentuchbaum genannt hat. Erst im Verlauf einiger Tage wird dann das System der Blattadern fertiggestellt und das Blattgrün gebildet.

Abb. 31. „Laubschütten" bei einem tropischen Baum.

Man frage nicht nach dem besonderen Sinn dieses Ausschüttens. In den immerfeuchten Tropen ist eben eine viel größere Mannigfaltigkeit möglich als in gemäßigten Zonen. Die Bäume können sich ohne Schaden so verhalten. Würden solche Arten aber in Gebiete mit größerer Trockenheit vordringen, so müßten sie schnell ausgemerzt werden; denn nur bei sehr hoher Luftfeuchtigkeit können die ausgeschütteten Blätter leben bleiben.

Noch ein Wort über die Blattformen. So einheitlich wie die klimatischen Bedingungen, so weitgehend einheitlich sind auch die Blattformen im tropischen Regenwald. Ganzrandige breite

Blätter überwiegen auffällig stark; nur selten wird man tiefer gesägte oder ganz erheblich eingeschnittene Blätter finden. Viele Arten zeigen an ihren Spreiten eine Träufelspitze, die tatsächlich gut zum schnellen Ablaufen des Regenwassers beiträgt (Abb. 32). An trockeneren oder windreicheren Standorten sieht man auch in den Tropen viel mehr Pflanzen mit eingeschnittenen, derben oder schmaleren Blättern.

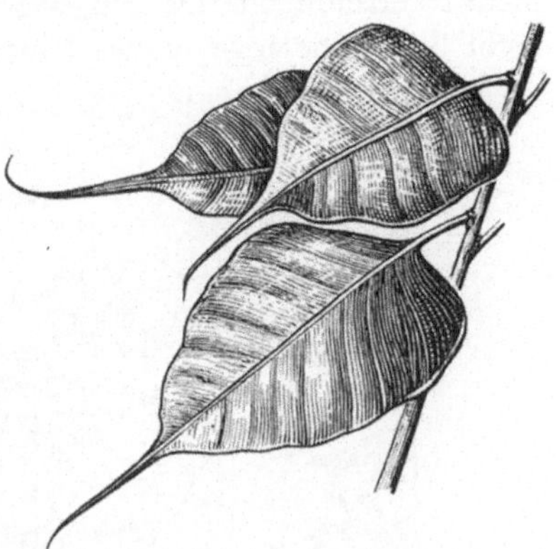

Abb. 32. „Träufelspitzen" an den Blättern von Ficus religiosa (heiliger Waringin-Baum Indiens).

4. Blüten

Den Eigentümlichkeiten in der Periodizität des Laubwechsels entsprechen Eigentümlichkeiten in der Blühperiodizität. Das ist nicht verwunderlich. Die Blühzeiten werden bei den Pflanzen allgemein weitgehend vom Laub reguliert. Wir wissen, daß junges Laub durchweg die Bildung von Blüten hemmt. Es ist das eine der „Korrelationen", also der stofflich, ähnlich wie im Tierkörper meist durch Hormone, bedingten wechselseitigen Beeinflussungen in der Pflanze. Gerade von den Blättern gehen, wie wir schon bei der Besprechung des Zusammenhangs von Laubwechsel und Holzzuwachs sahen, viele hormonale Einflüsse aus. Wir kennen diese Beziehungen jetzt erst spärlich, wie überhaupt die stofflichen Voraussetzungen der Blütenbildung noch wenig bekannt sind. Wir müssen die genannte Hemmung der Blütenbildung durch die Laubblätter zunächst einfach als Tatsache hinnehmen. Sie erklärt, warum sich Blütenknospen überall meist erst dann bilden, wenn das Laub älter geworden ist. Bei den Bäumen unserer europäischen Regionen verhält es sich dabei oft (etwa bei unseren Obstbäumen) so, daß im Spätsommer, beim Altwerden des Laubes, die Blütenknospen für das nächste Frühjahr angelegt werden. Auch bei den Bäumen in den Tropen folgen die Blüten diesem vom Laubwechsel ausgeübten Zwang.

Der vorher erwähnten Selbständigkeit des Laubwechsels in einzelnen Ästen oder Teilästen entspricht daher auch ein nicht einheitliches Blühen. Wir werden also nur solche Bäume einheitlich blühen sehen, die sich auch einheitlich belauben und entlauben. Diese Art des Wechselns von Laub und Blüte ist eigentlich gar nicht so erstaunlich. Da sich, wie wir sahen, Blütenanlagen meist nicht bilden, solange junges Laub vorhanden ist, kommt es oft

Abb. 33. Äste von Jacaranda rhombifolia, im laubblattlosen Zustand blühend (Palisanderholz-Baum, „Jacaranda" ist der heimische Name in Brasilien).

kurz vor dem Laubfall zur Ausbildung der, zunächst noch ganz unscheinbaren, Blütenknospen. Diese durchlaufen dann zusammen mit den neu gebildeten Laubknospen die Ruhezeit. Nach einigen Wochen oder Monaten werden sich dann die Blüten entfalten, meist noch bevor die Laubentfaltung beginnt (Abb. 33). Wie sehr die Laubblätter die Blüte regulieren, können wir daran erkennen, daß einzelne Zweige, die sich nicht entlaubt haben, auch blütenlos zu bleiben pflegen. Ja, wir können bei manchen Arten sogar sehen, daß erst im Alter einiger Jahre der periodische Laubwechsel auftritt und auch erst dann der Baum blühfähig wird.

Die gleichmäßige Verteilung des Blühens auch ein und derselben Art über eine längere Zeit, nicht selten über das ganze Jahr hinweg, trägt mit dazu bei, daß hier Tiere als Bestäuber auftreten können, die das ganze Jahr hindurch Nahrung suchen müssen und nicht wie unsere Insekten nur einige Monate hindurch Blüten besuchen und dabei noch keine besondere Spezialisierung auf einzelne Pflanzenarten zeigen. Darum können in den Tropen in ziemlichem Umfang Fledermäuse und Vögel als Bestäuber beobachtet werden, und manche von ihnen beschränken sich auf den Besuch weniger, den Eigentümlichkeiten von Vögeln und Fledermäusen besonders angepaßter Arten. Wo immer

Abb. 34. Ein amerikanischer Kolibri mit dem für den Blütenbesuch geeigneten langen Schnabel (Docimastes ensifer).

wir an tropischen Bäumen, aber auch an anderen Pflanzen leuchtend rote Blüten mit großen Honigmengen finden, dürfen wir den Verdacht haben, daß sie durch honigsuchende Vögel bestäubt werden. Das Vogelauge ist für Rot besonders empfindlich, während manche Insekten, z. B. Bienen, Rot ebensowenig sehen können wie das menschliche Auge Infrarot. Aber auch andere auffällige Farben (namentlich Orange) können bei Vogelblumen, die übrigens durchweg geruchlos sind, vorkommen. Vogelblumen zeichnen sich außerdem meist durch große Nektarmengen aus. Viele der Honigvögel fallen durch ihren langen Schnabel auf, mit dem sie ins Innere der für manche Vogelblumen charakteristischen langen Kronröhren eindringen können (Abb. 34). Beim Honigsammeln wird das Gefieder der Köpfe mit Blütenstaub bedeckt, den die Vögel dann, wie es sonst Insekten tun, zu den Narben der nächsten Blüten tragen. Die Vögel suchen übrigens nicht nur den Honig; manche fressen vor allem blütenbesuchende Insekten. Die tropisch-amerikanischen Kolibris „schwirren“ mit überaus schnellen

Flügelschlägen vor den Blüten. Sie sammeln den Nektar also im Flug, ohne sich zu setzen. Die tropisch-asiatischen blumenbesuchenden Vögel aber setzen sich in die Nähe der Blüten.

Sehr häufig sehen wir die Blüten sich kurz vor einer neuen Laubentfaltung an den Ästen öffnen. Wenn es sich um ein Gebiet mit regelmäßig wiederkehrenden regenarmen Jahreszeiten handelt, in dem also die Rhythmik des Laubwechsels stark einreguliert ist und daher alle Äste eines ganzen Baumes gleichzeitig kahl stehen, sehen wir in diesen Fällen des Blühens vor der Laubentfaltung den ganzen Baum in allen seinen Teilen gleichzeitig blühen. So werden wir es vor allem auch noch in extremeren Bedingungen finden, nämlich in den Monsunwäldern, also dort, wo in jedem Jahr Monate mit großer Trockenheit herrschen. Hier kann der ganze Wald einige Wochen vor der Laubentfaltung, die ihrerseits etwa mit dem Beginn der regenreichen Jahreszeit zusammenfällt, in voller Blüte stehen.

Abb. 35. Kopf einer Nektar sammelnden Fledermaus mit der für solche Fledermäuse charakteristischen langen Zunge (Macroglossum minimum, nach *van der Pijl*).

Nicht immer wird die Blütenbildung merklich vom Laubwechsel gesteuert. Gerade in den Tropen können wir hiervon bei einigen besonderen Blühverhältnissen Ausnahmen finden. Es gibt Bäume, bei denen die Blüten schon rein räumlich dem Einfluß der Laubblätter entzogen sind. So leben etwa im Regenwald manche Arten, bei denen die Blüten oder Blütenstände an langen Stielen, fast möchte man sagen an Fäden, aus der Krone herabhängen; man spricht von Geißelblütigkeit oder Flagelliflorie.

In einigen genauer untersuchten Fällen hat sich gezeigt, daß diese Geißelblütigkeit eine Anpassung an die Bestäubung durch Fledermäuse ist. Wir erwähnten das schon für die Sonneratia-Bäume der Mangrove. Nektarsuchende Fledermäuse (Abb. 35) sind in den Tropen häufig, ebenso wie auch fruchtfressende, zu denen die fliegenden Hunde gehören. Blüten und Früchte aber, die mehr oder weniger in der Krone versteckt sind, bleiben den Fledermäusen unzugänglich; die frei herabhängenden dagegen können von ihnen leicht erreicht, die Blüten bestäubt bzw. die Früchte gegessen und, so der Verbreitung dienend, verschleppt werden. Meist öffnen sich die Blüten dieser an Fledermausbestäubung angepaßten Pflanzen nachts, also zu der Zeit, in der auch die Fledermäuse flattern. Am Morgen können die Blüten schon abgefallen sein, aber sie verraten den Besuch durch die Fledermäuse oft noch dadurch, daß sie deren Krallenspuren zeigen. Fledermausblüten bzw. -blütenstände sind immer groß und auffällig; sie zeichnen sich durch schmutzige Farben und durch unangenehmen, oft säuerlich-süßen Geruch aus. Namentlich müssen sie auch ansehnliche Mengen von Honig und Pollen bieten.

Abb. 36. Geißelblütigkeit, aus der Krone herabhängende Blütenstände als Anpassung an Fledermausbestäubung (Kigelia aethiopica).

Als Beispiel für einen geißelblütigen Fledermausbaum kann neben der Sonneratia die afrikanische Kigelia aethiopica (Abb. 36) erwähnt werden, die freilich kein Baum des Regenwaldes, sondern der Savanne ist. Auch von Vögeln besuchte und bestäubte Blüten können oft weit aus den Kronen herunterhängen oder seitlich, gelegentlich auch oben, aus ihnen hervorragen.

Zu den von Vögeln bestäubten Pflanzen, bei denen die Blütenstände nach oben hervorragen, gehört der „Baum der Reisenden" (so genannt, weil die Pflanze aus ihren Blattachseln reichliche Mengen Flüssigkeit spenden kann); es ist die in Madagaskar heimische, nach dem dort benutzten Volksnamen benannte Ravenala madagascariensis (Abb. 37). Sie gehört in die Verwandtschaft der Bananen. Bei den Stauden der eigentlichen Bananen hängen die Blütenstände nach unten; sie werden von Fledermäusen, einige Arten auch von Vögeln bestäubt. Ravenala aber ist der Bestäubung durch Vögel hervorragend angepaßt. Der

Abb. 37. Der „Baum der Reisenden“, Ravenala madagascariensis, links die Blätter, rechts der weit nach oben hervorragende Blütenstand (Anpassung an Vogelbestäubung!).

Vogel setzt sich auf eines der Deckblätter und muß sich nun weit nach vorn und unten herunterbeugen, um den Nektar aus der nächstunteren Blüte des gleichen Blütenstandes zu erreichen. Durch das Berühren der zunächst noch geschlossenen Blüte wird deren explosionsartiges Öffnen bedingt. Die Brust des Vogels wird dabei von einer Blütenstaubwolke überschüttet.

Abb. 38. Junge Früchte des Brotfruchtbaumes (Artocarpus), die sich an kurzen, aus dem Stamm hervorbrechenden Trieben entwickeln.

Ähnlich wie die Geißelblütigkeit ist auch eine noch andere Blühweise in erster Linie eine Anpassung an Bestäubung oder Fruchtverbreitung durch größere Tiere, nämlich die sog. Stammblütigkeit oder Kauliflorie (Abb. 38, 39). Es ist eine Erscheinung, die fast ganz auf die Tropen, und zwar auf die immerfeuchten Tropen, beschränkt ist; dort aber bei vielen sehr verschiedenen Arten vorkommt. Die Blüten und demgemäß auch die Früchte brechen irgendwo aus dem Stamm hervor. Hier können

a *b*

Abb. 39.
Stammblütigkeit, *a* bei Dysoxylum ramiflorum, *b* bei Phaleria capitata.

sie von Fledermäusen, aber auch von Vögeln leicht erreicht werden. Kauliflor ist z. B. der Durian (Abb. 41), der uns auch gleich bei der Besprechung der tropischen Früchte interessieren wird. Die Blüten dieses im tropischen Asien heimischen, aber in vielen Tropengebieten angepflanzten Baumes öffnen sich, wie es sich für eine Fledermausblüte „gehört", abends und zeigen dann ihren ekelerregenden Geruch. Freilich gibt es auch Fledermausarten, die sich nicht so verhalten, wie sie es „sollten“, sondern beim Durian (und auch bei anderen Pflanzen) die Blüten vernichten und fast ganz verzehren. Morgens sieht man beim Durian ähnlich wie bei anderen Fledermausblüten nur noch die abgefallenen Blütenteile.

Diese bei den kaulifloren Arten aus dem Stamm oder auch aus dicken Ästen kommenden Blüten sind natürlich noch viel mehr als die an jenen Geißeln hängenden dem Einfluß der Laubblätter entzogen. Daher entstehen sie meist ganz unabhängig vom Laubwechsel. An einem solchen Stamm können daher bei vielen Arten immer wieder Blüten hervorbrechen, und oft sehen wir selbst auf eng begrenzten Stammstücken gleichzeitig Blüten und Früchte ganz verschiedener Art. Daneben gibt es auch Stammblütige, die sich auffälliger verhalten, nämlich wochen- oder gar monatelang ohne Blüten sein können und sich dann plötzlich, fast über Nacht, mit einem dicht geschlossenen Mantel großer Blüten bedecken. Meist pflegt es dann so zu sein, daß nicht nur ein Stamm blüht, sondern gleichzeitig alle Stämme der gleichen Art in einem weiten Umkreis. Dieses gleichzeitige Massenblühen können wir nicht nur bei einigen Bäumen, sondern auch bei manchen anderen Pflanzen in den Tropen vorfinden. Die Ursachen hierfür sind jetzt, jedenfalls an einigen Arten, aufgeklärt. Bei den nicht untersuchten Arten dürfte es sich ähnlich verhalten. Die Blütenknospen bleiben auf einem jungen Entwicklungsstadium aus inneren Ursachen stecken. Sie können so mehrere Wochen oder länger ruhen. Nach und nach entstehen immer mehr Blütenknospen, die sich alle bis zu diesem Stadium entwickeln, in dem sich schließlich sehr viele der halbreifen Knospen befinden. Es bedarf jetzt nur noch eines äußeren Reizes, um das letzte Entwicklungsstadium einzuleiten. Dieser äußere Reiz besteht in einem geringen Temperaturabfall, oft nur um 1 - 2°, der im Zusammenhang mit stärkeren Regengüssen auftreten kann. Nach diesem Temperaturreiz, der die Entwicklungshemmung beseitigt, läuft dann in allen Knospen der letzte Entwicklungsschritt ab und es mag dann je nach der Art noch etwa 8—10 Tage dauern, bis das jetzt naturgemäß gleichzeitige Blühen erfolgt.

Noch mehr wundern wir uns, wenn wir die Blüten nicht nur am Stamm, sondern sogar aus dem Erdboden hervorkommen sehen;

Bei einigen Arten kriechen untere Äste direkt auf dem Erdboden, sie sind dann oft von altem Laub usw. ganz bedeckt. Ihre Enden können sich erheben und Blüten oder Früchte tragen.

5. Früchte und Samen

Etwas sei noch über die Samen der tropischen Bäume gesagt. Bei den meisten Arten sind sie, wie fast allgemein die Samen tropischer Pflanzen, nur kurze Zeit, oft lediglich einige Tage oder Wochen, lebensfähig. Bei einigen Arten können sie ohne Schwierigkeit im Dunkeln des Waldschattens keimen. Andere aber benötigen für ihre Keimung und das Keimlingswachstum höhere Lichtintensitäten. Diese gehen, wenn sie nicht durch Winde oder Tiere verbreitet zu einem lichtreicheren Standort gelangen, einfach zugrunde. Einige Samen allerdings können auch viele Monate, gelegentlich sogar Jahre im Waldschatten ruhen bleiben und dann, wenn der über ihnen stehende Baum nach seinem Tod zusammenbricht, plötzlich keimen. Man sieht dann, wie an solchen Stellen eine große Zahl von Baumkeimlingen unerwartet emporwächst.

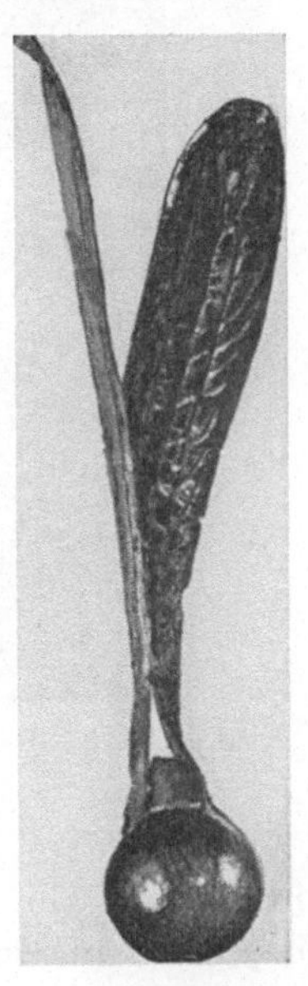

Abb. 40. Frucht des „Flügelfrüchtlers“ Dipterocarpus.

Samen sollen verbreitet werden. Wir wissen auch von den Bäumen unserer Wälder, daß ihre Samen oder Früchte Einrichtungen haben, die die Ausbreitung etwa durch den Wind erleichtern. Wir kennen namentlich Samen mit Flügeln. Auch Tropenbäume wenden dieses Prinzip nicht selten an. Das schönste Beispiel sind die Früchte der Dipterocarpaceen (Abb. 40), einer Familie, deren Vertreter in den Tropen Asiens starken Anteil an der Waldbildung haben; oft gibt es sogar Wälder, in denen die Dipterocarpaceen fast allein herrschen. Bei vielen Dipterocarpaceen (griech., „Flügelfrüchtlern“) nun bleiben die Kelchblätter mit an der Frucht, wachsen nach der Blüte zu ansehnlichen Flügeln heran und lösen sich schließlich mit der Frucht, diese über ansehnliche Strecken tragend, ab.

Häufiger als bei uns sind in den Tropen Bäume, die an eine Fruchtverbreitung durch Tiere angepaßt sind, und zwar vor allem dadurch, daß sie genießbares Fruchtfleisch oder genießbare Samenteile besitzen, welche Vögeln oder Säugetieren zusagen. Dabei werden die Vögel meist durch leuchtend rote Farbe (also durch die gleiche Farbe, die auch Blumenvögel anlockt!), manche Säuger, namentlich Fledermäuse, durch Geruch aufmerksam gemacht.

Abb. 41. Durian-Aststück mit den etwa kokosnußgroßen Früchten.

Vielleicht sollen wir hier an erster Stelle die viel beschriebene Frucht des im malayischen Archipel beheimateten Durian-Baumes berücksichtigen (Abb. 41). Die Malayen nennen ihn so wegen seiner gestachelten Früchte (mal. duri = Stachel). Er ist verwandt mit dem „Baobab“, dem afrikanischen „Affenbrotbaum“, von dem nur die Innenteile der Frucht gegessen werden. Die großen Früchte des Durian bieten ein eigentümliches Gemengsel von größtem Wohlgeschmack und übelstem Geruch. Man pflegt sie nur außerhalb von menschlichen Wohnräumen zu essen. Ein Durian-Baum ist ein starker Anziehungspunkt für Menschen und für viele Tiere, für Affen, Bären, Nashörner, Tiger und Elefanten; alle diese Tiere genießen den ölhaltigen Samenmantel. Die reifen Früchte fallen von den Bäumen, öffnen sich und verbreiten dann ihren starken Geruch. Zu den wichtigsten

Verbreitern der Samen gehören Bären und Elefanten, in deren Kot tatsächlich keimende Durian-Pflanzen gefunden worden sind. Menschen und Affen holen die Früchte vom Baum; Tiger, Nashörner, Bären usw. genießen nur die abgefallenen Früchte, die beim Reifen aufgeplatzt sind, und wo nun die sahnenartigen Samenmäntel leicht erreichbar sind. Elefanten aber nutzen auch die nicht geöffneten Früchte, indem sie vorher die Stacheln durch

Abb. 42. Eine Art Feigenbaum (Ficus ribes) mit vielen stammbürtigen Fruchttrossen.

Rollen der Frucht entfernen. Alle diese Tiere werden durch den an den Gestank offener Latrinen erinnernden Geruch angelockt, ein Geruch, den man treffend mit dem eines Gemisches von faulen Zwiebeln, faulem Fleisch und Knoblauch verglichen hat. In schroffem Gegensatz zu diesem abscheulichen Gestank steht der auch für den Menschen so köstliche Geschmack, den man künstlich etwa erzielen kann, indem man in einem Mixgerät verschiedenartige saftige Früchte mit Nüssen und altem Käse verarbeitet.

Nicht nur der Durian, sondern auch viele andere Fruchtbäume des Waldes sind Kulturpflanzen in den tropischen Gärten der Menschen geworden. Nur wenige dieser Früchte kennen wir in Europa, weil die meisten gar nicht den Transportweg überdauern können; viele bleiben nur 1—2 Tage frisch.

Zu den Fruchtbäumen, die wenigstens dem Namen nach bekannt sind, gehört etwa der indische Mango-Baum (Abb. 43), dessen Fruchtdüfte, namentlich Terpentingeruch, Affen und Fledermäuse (besonders fliegende Hunde) anlockt. Fledermäuse fressen auch gern die wieder an Stämmen stehenden, die Größe von Kürbissen erreichenden Früchte des überall kultivierten Brotfruchtbaumes Artocarpus (griech. „Brot-Frucht"; Abb. 38).

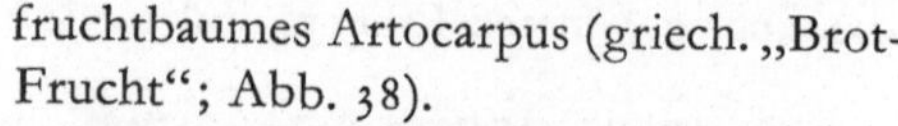

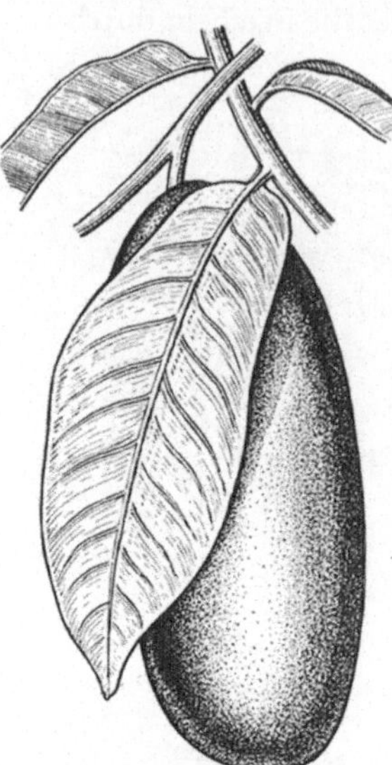

Abb. 43. Blatt und Frucht des Mango-Baumes.

Die Zahl der Baumarten, deren Früchte von Tieren aufgesucht und verbreitet werden, ist groß. Zu ihnen gehören viele Verwandte des Gummibaumes und der Feige, also Ficus-Arten (Abb. 42). Dabei können wir als Regel feststellen, daß große Früchte, die dann oft nur grünlich, grünlich-gelb oder weißlich gefärbt sind, und die zudem einen Geruch entfalten können, von Säugern, also etwa von Affen oder Fledermäusen, gesucht werden; kleinere Früchte aber, namentlich solche mit intensiven Farben (vorzugsweise rot), werden von Vögeln gesucht.

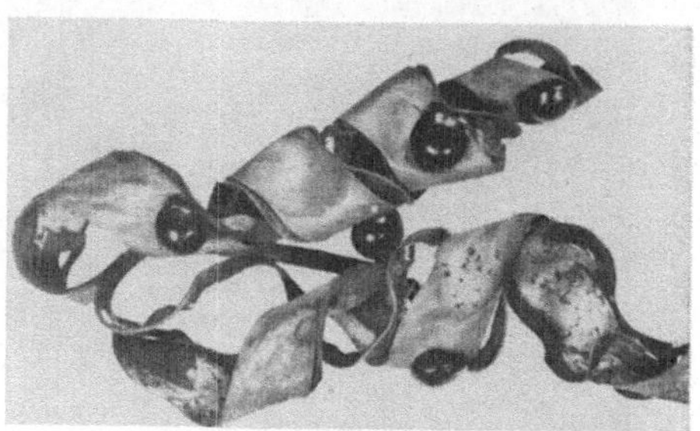

Abb. 44. „Betrugsfrucht" eines Hülsenfrüchtlerbaumes (Adenanthera) des tropischen Asien mit den Samen, die sich leuchtend rot („Korallen-Baum"!) von der geöffneten hellen Frucht abheben und Vögel anlocken.

Bemerkenswert ist noch, daß es einige tropische Bäume gibt, die den Vögeln die Genießbarkeit vortäuschen. Ihre Samen sind leuchtend rot wie die genießbaren Beeren anderer Pflanzen; dabei sticht ihre Farbe oft noch dadurch hervor, daß die Fruchtblätter hell, oft hell-leuchtend sind. Solche Samen, die bei einigen Leguminosen vorkommen, pflegen nach dem Öffnen der Frucht nicht ausgestreut zu werden wie bei anderen Leguminosen, sondern bleiben an den Fruchtblättern hängen, so daß sie den Vögeln auffallen (Abb. 44). Die Samen werden reichlich gesammelt, können aber beim Verschlucken infolge ihrer harten Samenschalen nicht verdaut werden. Manche dieser trügerischen Samen treiben die Ähnlichkeit mit genießbaren sogar so weit, daß sie zweifarbig sind und dadurch gewissen Samen ähneln, bei denen die Samenschale teilweise von einem andersfarbigen fleischigen und nahrhaften Samenmantel umgeben ist.

IV. Die Bodenvegetation

1. Lebensbedingungen

Die ansehnliche Besiedelung des Waldbodens mag überraschen, wenn wir bedenken, daß oft weniger als 1% des vollen Sonnenlichts zum Erdboden gelangt. Dabei ist das ungehemmte Sonnenlicht in den Tropen nicht oder höchstens unbedeutend stärker als in den gemäßigten Zonen. Das heißt also, daß im tropischen Regenwald wirklich bei noch tieferem Schatten ein Wachstum von krautigen und strauchigen Blütenpflanzen möglich ist als in den Wäldern der gemäßigten Zone, wo es höchstens wenige Arten gibt, die sich an Stellen entwickeln können, zu denen nur 2 oder 3% des vollen Sonnenlichts gelangen (Abb. 45).

Es gibt mehrere Umstände, die dieses Wachstum im tiefen Schatten des tropischen Regenwaldes ermöglichen. Einmal ist es die relativ hohe Konzentration von Kohlendioxyd; sie kann im Wald bis zu etwa 0,1% oder noch mehr ansteigen, also gut dreimal so hoch werden wie außerhalb des Waldes. Der Grund hierfür ist leicht zu finden. Durch die schon erwähnte intensive Tätigkeit der Mikroorganismen im Boden wird in ungewöhnlich starkem Maße Kohlendioxyd produziert. Zudem ist die Luftbewegung in der Nähe des Bodens so überaus gering, daß sich das ja ohnehin schwere Kohlendioxyd höchstens langsam aus diesem Bereich fortbewegt. Daß eine Erhöhung der Kohlendioxydkonzentration die pflanzliche Entwicklung begünstigt, ist bekannt und ja auch leicht begreiflich. Ein anderer vorteilhafter Faktor ist die hohe

Luftfeuchtigkeit. Das Sättigungsdefizit kann an manchen Stellen in der Bodennähe immer zwischen 0 und 1% liegen, die Luftfeuchtigkeit also 99% übersteigen. So können die Pflanzen ihre Spaltöffnungen in den Blättern ohne die Gefahr des Welkens den ganzen Tag über offenhalten und das schwache Licht wenigstens

Abb. 45. Unterwuchs im Wald (die Palme ist eine Licuala-Art).

während der vollen Dauer des Tropentages, der ja immer 12 Stunden beträgt, aufnehmen, also vom frühen Morgen 6 Uhr bis zum Abend 18 Uhr ohne Unterbrechung assimilieren. Schließlich haben die Pflanzen natürlich auch alle die Anpassungen an ein Wachstum im Schatten, die die Schattenpflanzen unserer Wälder ebenfalls auszeichnen. Sie haben große, zarte Blattspreiten, deren äußere Schichten das Licht ungehemmt zum inneren assimilierenden Gewebe durchtreten lassen. Bei Sonnenpflanzen sind natürlich mit Rücksicht auf die Gefahr zu starker Transpiration derbe

Außenwände notwendig, die zwangsläufig auch das Licht weniger gut durchtreten lassen.

Wir finden im Schatten des tropischen Regenwaldes viele Arten, die uns als Zierpflanzen aus unseren Wohnräumen bekannt sind, u. a. sowohl in den tropischen Wäldern der Alten Welt als auch in denen Amerikas Begonien, oder Araceen etwa von der Art der im Schatten unserer Zimmer noch gut gedeihenden „Philodendren". Diese Arten sind als Zimmerpflanzen oft geeignet, weil sie mit geringen Lichtintensitäten auskommen.

2. Blütenpflanzen

Natürlich können wir nicht die vielen Gattungen aufzählen, die mit Tausenden von Arten im Schatten des tropischen Regenwaldes der Neuen und der Alten Welt vertreten sind. So begnügen wir uns mit einigen Familien und Gattungen, unter denen sich wohl jeder etwas vorstellen kann.

Zu den durch besonders große Blätter auffälligen Arten gehören diejenigen der Familie der Araceen, die in Europa durch den Aronstab unserer Buchenwälder vertreten ist. Zahlreiche Araceen gehören zu den kletternden Pflanzen; aber auf dem Waldboden leben auch manche nichtkletternde Angehörige ihrer Familie. An den kolbenförmigen Blüten- oder Fruchtständen, die von einem großen Hochblatt umhüllt sind (man denke etwa an unseren Aronstab oder die in Zimmern kultivierten Calla- und Anthurium-Arten), erkennt man sie leicht. Hinzu kommt noch, daß die Früchte oft rot gefärbt sind und dadurch ebenso wie die roten Samen oder Blüten anderer Pflanzen, von denen wir sprachen, Vögel anlocken, die dann für die Verbreitung sorgen. Und auch wo die Blüten fehlen, fallen die Araceen meist durch ihre großen Blattspreiten leicht auf.

Viele Araceen haben große stärkehaltige Knollen, und manche dieser Knollen werden vom Menschen im Wald gesammelt, um sie geröstet oder gekocht zu genießen. Häufiger werden diese Arten in den Gärten kultiviert. So wurden Alocasia und Colocasia schon vor sehr langer Zeit in den Tropen der ganzen Welt zu Kulturpflanzen.

Auch von der berühmten Gattung Amorphophallus werden einige Arten im tropischen Asien so genützt. Berühmt ist die

Gattung aber nicht hierdurch, sondern weil das einzige Laubblatt, das ein Amorphophallus jeweils besitzt, riesig groß ist und ein extremes Verhalten auch noch in seiner Wachstumsgeschwindigkeit zeigt; 10—15 cm kann es an einem Tage wachsen. Der Blattstiel kann 4—5 m lang werden, die Spreite 2 oder 3 m im Durchmesser messen. Zu diesen riesigen Arten von Amorphophallus gehört Amorphophallus titanum auf Sumatra, der zugleich auch den größten Blütenstand von allen uns bekannten Pflanzen besitzt; 2—3 m hoch kann er werden (Abb. 46). Jenes gewaltige Blatt lebt 1—2 Jahre. Nach seinem Absterben macht die Knolle (die zentnerschwer wird) eine mehrmonatige Ruheperiode durch und anschließend daran pflegt die Pflanze, bevor das nächste Blatt erscheint, den Blütenstand zu entwickeln. Diese Zyklen wiederholen sich, und die Knolle kann dabei ein hohes Menschenalter überdauern. Ein solches, alle Jahreszeiten einfach mißachtendes Verhalten können sich Pflanzen der immerfeuchten Tropen eben erlauben. Das trägt wesentlich zu ihrem uns überdimensioniert erscheinenden Wachstum bei. Der starke und üble Geruch der Vertreter dieser und anderer Gattungen der Araceen lockt regelmäßig viele bestäubende Insekten, z. B. Aaskäfer, an. Am stärksten ist dieser Geruch abends; dann kommen die Aaskäfer, laufen in den vom großen Hochblatt geformten Kessel hinab, können aber infolge einer scharfen Kante des unteren Kolbenrandes nicht wieder hinauf. Haben diese Käfer aus anderen Blütenständen Pollen mitgebracht, so bestäuben sie in ihrem Gefängnis die weiblichen Blüten, die männlichen sind dann noch nicht reif. Erst am nächsten Morgen, wenn die Käfer also schon ihre

Abb. 46. Der 2 m hohe Blütenstand von Amorphophallus titanum.

Bestäubungsaufgabe durchgeführt haben, öffnen sich auch die männlichen Blüten; die Käfer werden neu mit Blütenstaub überschüttet und können an dem sich lockernden Hochblatt vorbei wieder ins Freie gelangen, wo sie abends neue Kolben aufsuchen. Bei einigen Amorphophallus-Arten bleiben die Käfer mehrere

Abb. 47. Blütenstände einer Ingwerartigen (Phaeomeria-Art).

Abb. 48. Fruchtstand der Banane.

Tage gefangen, und ihnen wird dabei auch innerhalb des Kolbens Nahrung geboten.

Eine andere Familie, die uns nicht ganz unbekannt ist, ist die der Ingwerverwandtschaft (Zingiberaceen). Die meisten Arten dieser Familie sind allerdings auf die Tropen der Alten Welt beschränkt (Abb. 47). Bekannt sind uns vor allem die Arten, die als Gewürzlieferanten seit langer Zeit kultiviert werden.

Bei einigen dieser Ingwerartigen sind die laubblatttragenden Sprosse deutlich von den blütentragenden verschieden. Dabei können die Blütenstandsprosse so kurz sein, daß sie gelegentlich kaum aus dem Boden hervorragen und die Blüten nur durch die Farbe im toten Laub des Waldbodens auffallen. Obwohl die

Araceen und Zingiberaceen im Waldschatten vorkommen, bevorzugen sie doch die etwas lichteren Stellen. Das gilt noch mehr für die Bananen-Arten, die an Waldlichtungen dichte Bestände bilden können. Die wilden Bananen, deren herabhängende Blüten- und Fruchtstände (Abb. 48) von den für die Bestäubung und Fruchtverbreitung sorgenden Fledermäusen leicht erreicht werden können, haben meist kleine Früchte, die weniger schmackhaft und auch wegen des Besitzes von Samen weniger begehrt sind als die der Kulturbananen. Von dem reichlichen Nektar in den Blüten holen gelegentlich auch Vögel einen Teil. Bei einigen Bananen-Arten mögen Vögel sogar die normalen Bestäuber sein, und ganz besonders sind sie es bei anderen Pflanzen aus der Verwandtschaft der Bananen (d. h. aus der Familie der Musaceen). Wir nannten schon die Ravenala, die ihre Blütenstände weit emporhebt und so die Vögel einlädt.

Abb. 49. Blütenstand einer Heliconia. Die Blüten entwickeln sich in der Flüssigkeit der kahnförmigen Deckblätter.

Kleiner, aber durch ähnliche Blütenstände ausgezeichnet, sind die Vertreter der ebenfalls in diese Verwandtschaft gehörenden Gattung Heliconia (Abb. 49). Die Blüten entwickeln sich hier in einer ansehnlichen Menge von Flüssigkeit, welche die Pflanze in bootförmigen Deckblättern ausscheidet. Erst kurz vor der Öffnung erheben sich die Blüten aus diesem wäßrigen Medium. Dieses Verhalten erinnert an die bei mehreren tropischen Pflanzen (und nur bei solchen) vorhandenen sog. Wasserkelche: Die Blüte entwickelt sich in einem ringsum geschlossenen, von den verwachsenen oder verklebten Kelchblättern gebildeten Hohlraum, der prall mit Flüssigkeit gefüllt ist. Ein biologischer Wert dieses Verhaltens wurde bisher nicht gefunden; aber erstaunlich ist jedenfalls, daß wir es nur bei tropischen Pflanzen kennen.

Auch Pflanzen aus der Verwandtschaft des Pfeffers (Piperaceen), aber noch Vertreter etlicher anderer Familien, können dazu beitragen, daß wir in einem tropischen Regenwald leicht hundert verschiedene Arten von Blütenpflanzen als krautigen Unterwuchs finden können.

Einige kleinere Palmen und Schraubenpalmen (Pandanus-Arten) gehören übrigens ebenfalls mit zu diesem Unterwuchs.

Oft trifft man im Wald auf größere Lücken. Von den starken Einflüssen des Menschen wollen wir ganz absehen; auch ohne dessen waldzerstörende Tätigkeit können Lücken entstehen, etwa dann, wenn große Bäume zusammenbrechen oder wenn überflutende Flüsse den Ufersaum verbreitern. Beides kommt häufig vor. Das donnernde, oft für den wandernden Menschen gefährliche Zusammenbrechen toter Urwaldriesen gehört zu den unvergeßlichen Eindrücken aller, die längere Zeit in diesen Wäldern verbracht haben. Natürlich reißt ein solcher Sturz Hunderte von Pflanzen mit sich. Die Epiphyten und Parasiten sterben nach dem Gesetz des Urwaldes mit ihrem Wirt, ebenso viele der Pflanzen, die im Schatten des Baumes standen. Gleich häufig reißen Hochwässer Bäume mit sich. In den Tropen können in kurzer Zeit so große Regenmengen fallen, daß in wenigen Stunden ein harmloser Bach zu einem reißenden Strom wird, der, bis er einige Stunden oder Tage später wieder abgeschwollen ist, große Mengen von Erde, Pflanzen, nicht selten auch überraschte Tiere mit sich reißt. Im tropischen Regenwald fallen oft genug an einem Tag mehr als 50 cm Regen, in einer Stunde oft schon 10 cm. Es ist also nicht verwunderlich, daß sich der Wasserspiegel in den Flüssen dann rasch um 1 oder 2 m heben kann.

Auf die eine oder andere Weise entstandene lichte Stellen werden nach längerer Zeit wieder das ursprüngliche Waldbild zeigen; zunächst aber entwickeln sich mehr lichtliebende Pflanzen. Dabei können sich Farne und Palmen ebenso beteiligen wie viele Kräuter und Sträucher oder Bäume anderer Arten als der der übrigen Waldteile. Bambus-Stauden können mit Zingiberaceen und Araceen dichte Bestände bilden. Manche Pflanzen sind dabei, die sonst epiphytisch leben, aber an Waldrändern und Lichtungen dichte Gestrüppe bilden.

Mehrere Bambus-Arten wachsen gern an Waldlichtungen. Wo große Teile des Waldes vom Menschen zerstört werden, können

a *b*

Abb. 50. Bambus, *a* im fruchtenden Zustand, *b* junger Trieb.

auf diese Weise sogar ganze Bambus-Wälder entstehen. Viele Arten sind es, die wir mit dem Namen Bambus bezeichnen. Einige darunter zeichnen sich durch interessante Blühverhältnisse aus. Sie bleiben jahrelang oder jahrzehntelang ohne Blüten; wenn sie aber blühen, dann blühen gleich alle Exemplare weit und breit, oft über Strecken von 50 oder 100 km hinweg. Nach der Blüte sterben die Pflanzen dann bei einigen Arten (Abb. 50). Man hat oft an ungeklärte Witterungseinflüsse auf dieses Blühen gedacht. Aber solche Erklärungsversuche versagen, wenn man sieht, daß zwei durch Zerteilung eines Wurzelstockes gewonnene Pflanzen selbst dann noch gleichzeitig blühen, wenn eine in ihrer Heimat belassen, die andere in einem ganz anderen Land ausgepflanzt wird. Und man sieht weiterhin, daß die einzelnen Arten sich sehr verschieden verhalten. Da gibt es eine Art, die alle 28—30 Jahre blüht, eine andere blüht in Abständen von 32—34 Jahren, noch eine weitere nur nach jeweils 45 Jahren. Dieses periodische Blühen erklärt sich durch allmähliche Alterungsvorgänge in der Pflanze, die bei den einzelnen Arten eine spezifische Dauer beanspruchen. Ist das kritische Alter erreicht, so hört die Bildung von Blättern auf und die Pflanze geht zum Blühen, ihrer letzten Lebensleistung, über. Da nach diesem Blühen Samen ausgestreut werden, sind die Individuen der nächsten Generation weit und breit auch wieder gleich alt, so daß bei jedem Blühen der täuschende Eindruck einer Regulierung durch einen rätselhaften äußeren Faktor entsteht.

Ebenso häufig wie bei Pflanzen im Innern des Waldes sehen wir auch bei denen der Gestrüppe in Waldlichtungen interessante Beziehungen zu Ameisen. Ameisen spielen in den Tropen eine so große Rolle, daß wir sie überall da antreffen, wo Pflanzen ihnen als Wohnung geeignete Hohlräume bieten. Wir werden das bei Epiphyten sehen; wir finden es auch bei vielen auf dem Boden wachsenden Pflanzen. Als Beispiel sei eine Wolfsmilch-Verwandte, die (nach dem malayischen Volksnamen benannte) Macaranga, erwähnt (Abb. 51). Macaranga-Arten kommen als Sträucher oder kleine Bäume auf Lichtungen der malayischen Wälder häufig vor. Die Stengel bestehen aus einzelnen hohlen Gliedern. In diese Hohlräume bohren sich bei einigen Arten Ameisen hinein; sie durchbohren auch die Zwischenräume zwischen den einzelnen Gliedern. Die Königin pflegt im untersten dieser Stengelglieder zu leben. An der Knospenschuppe dieser Arten befinden sich kleine Körperchen, die von den Ameisen gesammelt und gefressen werden. Solche fett- und eiweißhaltigen „Futterkörperchen" befinden sich bei vielen von Ameisen bewohnten Pflanzen an dem einen oder anderen ihrer Organe; ihr Vorkommen hat oft zur Vermutung geführt, die Pflanze produziere diese Körperchen eigens für die Ameisen, die sie gegen andere Insekten, etwa Blattschneiderameisen, schützen sollen. Aber es handelt sich bei derartigen Körperchen um Gebilde, die ähnlich auch bei Pflanzen entstehen, die keine Ameisen beherbergen.

Eine bekannte Ameisen-Pflanze, bei der sich ähnliche Beziehungen wie bei Macaranga finden, ist die Cecropia an den Flußläufen im Wald des Amazonasgebietes (Abb. 52). Dieser Baum, von dem es mehrere Arten gibt, „bietet" den Ameisen außer den ähnlich wie bei Macaranga gebauten Hohlräumen auch wieder eiweiß- und fettreiche Futterkörperchen, die hier an der Basis der Blattstiele stehen und, nachdem sie abgefressen sind, neu gebildet werden. Die Ameisensymbiose wurde hier schon vor 75 Jahren von *Fr. Müller* beschrieben und jene Futterkörperchen später als Müllersche Körperchen bezeichnet. Diese Cecropien kommen den Ameisen gleichsam noch dadurch entgegen, daß sich auf jedem der Stengelglieder eine Rinne befindet, die oben in einer etwa halbkugeligen

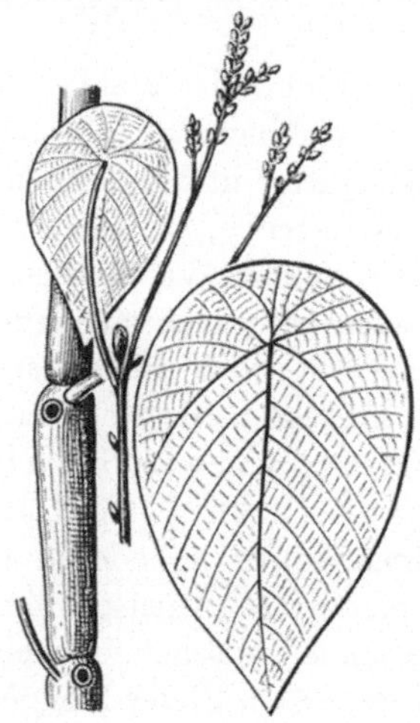

Abb. 51. Stengelglieder (und Blätter) einer Macaranga, die von Ameisen bewohnt werden.

Abb. 52. Cecropia. Das untere Bild zeigt die Vertiefungen, durch die sich Ameisen hineinbohren. Oben ist eines der am unteren Teil der Blattstiele stehenden Polster mit den „Futterkörperchen" vergrößert abgebildet.

Vertiefung endet. Hier können die Ameisen die Wandung natürlich besonders leicht durchbohren und in die Hohlräume gelangen. Die Entstehung dieser Rinnen und Vertiefungen ist nicht so mysteriös wie man zunächst meinen möchte. Im ganz jungen Sproß drücken sich die über den Blattstielbasen stehenden Achselknospen in das noch weiche Gewebe der Stengelglieder ein, so daß jene Vertiefungen entstehen. Mit der Streckung der Stengel rücken die Knospen zwangsläufig weiter nach unten und schaffen dadurch die Rinne.

Die Hohlräume und Futterkörperchen (beide kommen auch noch bei anderen Ameisenpflanzen vor) erwecken natürlich den Verdacht, als seien sie nur für die Ameisen geschaffen. Aber wir wissen, daß nicht nur solche Hohlräume, sondern auch den Futterkörperchen vergleichbare Gebilde bei manchen Pflanzen vorkommen, die keine Symbiose mit Ameisen zeigen. Auch ein wirklicher Nutzen der Ameisen für die Pflanze ist nicht nachgewiesen worden.

3. Farngewächse

Absichtlich heißt es Farngewächse und nicht Farne; es soll damit angedeutet werden, daß nicht nur die Farne im engeren Sinn vertreten sind, sondern auch andere Gruppen der „Pteridophyten“, namentlich noch die Bärlappgewächse. Keine Pflanzengruppe fällt uns im immerfeuchten Regenwald so durch ihre Formenmannigfaltigkeit auf wie die Farne, die eben eindeutig das immerfeuchte Klima bevorzugen. Nur relativ wenige Arten konnten in tropische Gebiete mit regelmäßigen Trockenzeiten oder in außertropische Regionen hineinwandern.

Wer im tropischen Regenwald anfängt, Farne zu sammeln, wird schnell

Abb. 53. Teile eines Farnwedels mit zwei Brutknospen, aus denen sich bereits wieder junge Wedel entwickelten (Diplacium proliferum, d. h. „das brutbildende“ D.).

Abb. 54. Wedel des Farns Matonia pectinata, dessen meiste Verwandte uns nur als Fossilien bekannt sind (Phot. Dr. *Karl Helbig*).

Abb. 55. Wedel des Farns Dipteris conjugata aus einer ebenfalls schon weitgehend ausgestorbenen Familie.

einige hundert Arten beisammen haben. Unter diesen sind auch Gattungen, die uns recht fremdartig anmuten. Bei vielen Farnen des Regenwaldes findet sich ungeschlechtliche Vermehrung; nicht selten sehen wir Arten, bei denen die Blätter in großer Zahl Brutknospen bilden (Abb. 53).

Wenn wir uns darauf beschränken wollen, besonders merkwürdige Farne zu erwähnen, so können wir etwa die in sehr begrenzten Gebieten des tropischen Asien vorkommende Matonia nennen (Abb. 54), die eigentlich ein lebendes Fossil dar-

Abb. 56. Baumfarn (Alsophila).

stellt, weil uns alle ihre näheren Verwandten nur aus Versteinerungen von früheren Perioden der Erdgeschichte bekannt sind. Nur an feuchten und doch lichtreichen Stellen, etwa in Waldlichtungen auf mittleren Bergeshöhen, findet die Matonia die ihr zusagenden Lebensbedingungen. Das gleiche läßt sich auch für die ebenso wie Matonia durch eine uns ungewohnte Wedelform auffällige Dipteris conjugata sagen (Abb. 55). Die Verbreitung dieser beiden Gattungen ist sehr beschränkt. Aber andere uns auch wie lebende Fossilien anmutende Farne sind doch in den Tropen relativ leicht zu finden, obwohl auch sie auf die feuchten Stellen der montanen Regionen beschränkt sind, nämlich die Baumfarne (Abb. 56). Nicht selten können diese Baumfarne größere geschlossene Bestände bilden.

Die meisten Farne gehören jedoch in die Verwandtschaft der auch bei uns heimischen Gattungen, muten uns also in ihrer Form nicht so fremdartig an. Aber die Artenzahl ist viel größer und auch andere Dimensionen werden erreicht. Sowohl ganz winzige Arten als auch solche mit mehreren Meter langen Wedeln kommen vor.

Abb. 57. Selaginella, ein sog. Moosfarn, im Schatten des Waldbodens.

Interessante Farne werden wir noch kennenlernen, wenn wir uns mit den Epiphyten und Kletterpflanzen genauer befassen. Die Bärlappgewächse dürfen wir vorerst noch etwas vernachlässigen, weil die meisten Arten epiphytisch leben. Erwähnen müssen wir hier aber noch die auf dem Boden oft dichte Bestände bildenden Selaginellen (sog. „Moosfarne"; Abb. 57), die mit den Bärlappen verwandt sind. Sie sind hinsichtlich des Lichts oft besonders anspruchslos und können daher etwa in den Bergwäldern gemeinsam mit Lebermoosen den Boden dicht bedecken.

4. Moose

Der Erdboden ist in den tieferen Höhenlagen frei von Moosen. Zu schnell zersetzt sich das herabfallende Laub und läßt nicht eine Humusschicht entstehen, in der die Moose Halt finden könnten. Aber auf abfallenden Ästen, die ja länger liegen bleiben als die Blätter, sehen wir sie oft in dichten Beständen. Im montanen Wald mit größerer Humusproduktion wachsen auch auf dem Erdboden selber viele Moose; darunter befinden sich riesige Laubmoose von

20 oder 30 cm Höhe mit großen Blättern. Auch Lebermoose können weite Strecken des feuchten Waldbodens bedecken (Abb. 58).

Biologische Besonderheiten finden wir bei den Moosen des tropischen Waldbodens kaum mehr als bei denen unserer europäischen Wälder. Anders steht es mit den epiphytisch (an Stämmen und Ästen) und epiphyll (auf Blättern von Laubbäumen) lebenden Arten, die wir uns später ansehen werden.

Abb. 58. Laub-, Lebermoose und „Moosfarne" (Selaginella) auf dem Waldboden.

V. Die Kletterpflanzen

1. Häufigkeit und Arten des Kletterns

Von allen Lianen der Welt leben 90% in den Tropen. Die wenigen, die außerhalb der Tropen angetroffen werden, erreichen meist nicht die bei vielen der Regenwaldlianen so erstaunliche Länge.

Kletternde Arten gibt es bei vielen Pflanzenfamilien; aber es werden immer wieder einige wenige Kletterprinzipien angewandt. Es gibt nämlich die „Spreizklimmer", die Wurzelkletterer (zu denen auch unser Efeu gehört), die Windepflanzen und die rankenden Kletterer. Trotz dieser Übereinstimmungen herrscht aber im einzelnen eine große Mannigfaltigkeit.

2. Spreizklimmer, Rotanpalmen

Recht einfach machen es Pflanzen, die mit Hilfe breit ausladender Äste oder Blätter, oft solcher, die mit Dornen oder Stacheln ausgerüstet sind, einen Halt im Geäst finden. So können es viele Sträucher und z. B. auch einige Bambus-Arten machen (Abb. 59). Aber auch schon bei den Farnen und Bärlappgewächsen finden wir solche „Spreizklimmer". Auf diese Weise kann etwa der in den Tropen der ganzen Welt lebende, nicht selten kaum durchdringbare Dickichte bildende Farn Gleichenia linearis viele Meter emporklettern (Abb. 60). Er trägt wesentlich dazu bei, daß größere Lücken im Wald oder z. B. auch freie Räume über schmaleren Flußläufen ausgefüllt werden.

Abb. 59. Ein Bambus als „Spreizklimmer".

Ähnlich, aber doch viel wirksamer klettern die Rotan-Palmen, deren gefiederte Blätter in mehrere Meter Länge erreichende Geißeln auslaufen (Abb. 61). Diese Geißeln sind, ebenso wie auch die anderen Blatteile und die am Sproß herablaufenden Blattscheiden mit Dornen dicht besetzt (Abb. 62). Hart wie Metallhaken können diese in den verschiedensten Formen auftretenden Dornen sein, so daß die Rotan-Palmen das unangenehmste Hindernis für den Wanderer sind („rotan" ist malayisch; im Deutschen wird daraus oft „Rotang" gemacht). Niemand, der im tropischen Regenwald auf nicht geebneten Wegen Wanderungen unternimmt, wird vermeiden können, daß die Geißeln von Rotan-Palmen, die im leichtesten Windzug pendelnd

Abb. 60. Gleichenia linearis, ein häufiger Kletterfarn.

die Waldlücken „absuchen", ihm Kleidung und Haut zerreißen. Die eigentliche Aufgabe dieser Geißeln aber ist es, die Pflanzen irgendwo im Geäst der Bäume zu verankern und damit dem Sproß ein weiteres Emporklimmen zu ermöglichen. Wenn so das Kronendach erreicht ist, wächst der Stamm, der nur wenige Zentimeter dick wird, aber noch immer weiter in die Länge. Inzwischen sind die ältesten, mehr der Stammbasis genäherten Blätter schon abgestorben und einschließlich der Blattscheide vom Stamm abgefallen. So wird der untere Teil des seilartigen Stammes glatt, findet keinen Halt mehr und fällt zum Erdboden, wo er lange Schlingen bilden kann. Der obere Teil aber bleibt, mit den Geißeln seiner Blätter fest verankert, im Kronendach. So können diese Kletterpalmen 200 oder gar 300 m lang werden. Daß sie ein ausgezeichnetes Material für die verschiedensten Zwecke darstellen, ist bekannt. Sie liefern Seile zum Brückenbau; durch Aufspalten kann man feineres Material aus ihnen gewinnen, das sich zum Flechten und selbst für die Gewinnung dünner Schnüre eignet. Das Sammeln dieser

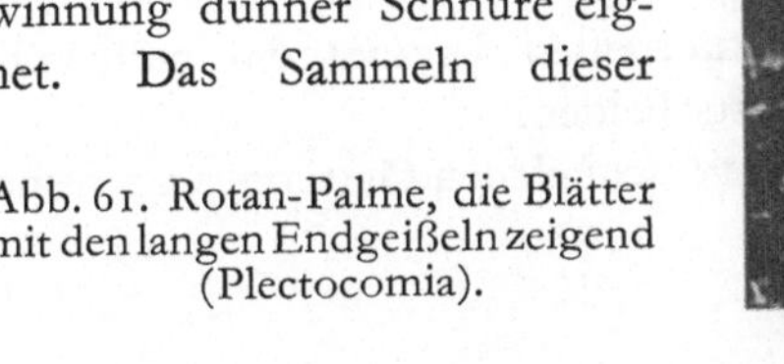

Abb. 61. Rotan-Palme, die Blätter mit den langen Endgeißeln zeigend (Plectocomia).

Rotan-Palmen ist nicht ganz einfach. Man muß schon die vereinigte Kraft mehrerer Männer aufwenden, um die kletternden Stämme aus den Kronen herunterzureißen. So fest haften sie

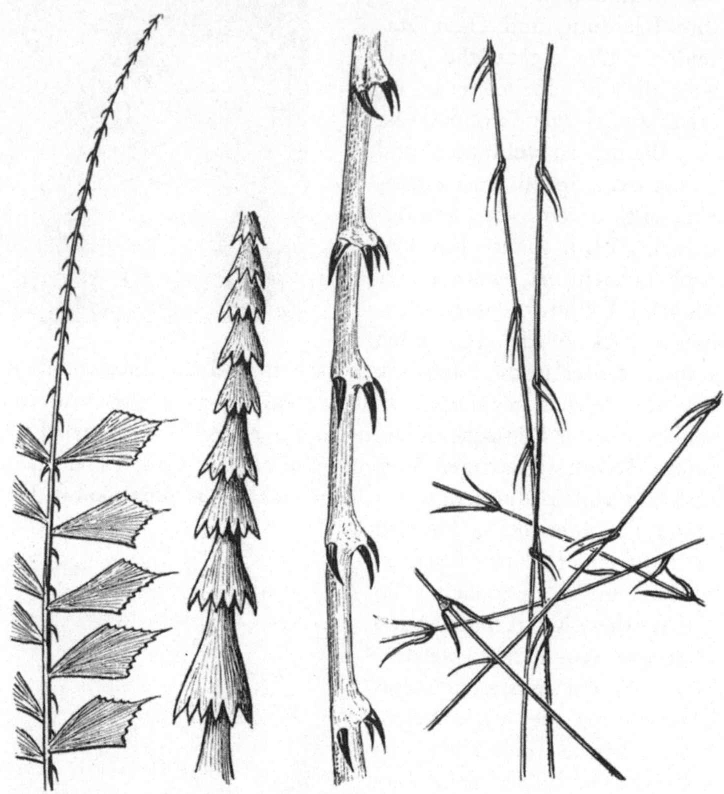

Abb. 62. Ausschnitte aus Endgeißeln von Rotan-Palmen (links und Mitte 3 verschiedene Plectocomien; rechts Ancistrophyllum, d. h. „Hakenblatt").

dort, daß sie dann gewaltige Äste der Laubbäume mit sich ziehen. Nach diesem Herunterreißen beginnt das mühevolle Entfernen der stacheligen Blattscheiden.

Die Rotan-Palmen gehören verschiedenen Gattungen und einer großen Zahl von Arten an.

3. Ranken, Winden, Lianen-Leguminosen

Ebenso wirksam wie das Festhalten mit Haken an Sprossen, Blättern und Blattgeißeln ist auch die Verankerung mit Ranken.

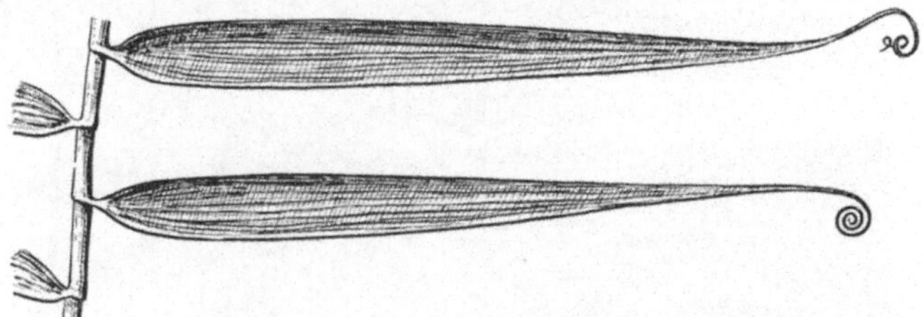

Abb. 63. Umwandlung der Blättchenspitzen zu Ranken bei Flagellaria (lat., die „Peitschenartige").

Solche Ranken sind uns ja auch von heimischen Pflanzen bekannt. In den Tropen treten sie in viel größerer Formenmannigfaltigkeit auf (Abb. 63, 64). Auch das Winden ist hier häufiger, und vor allem sehen wir nicht nur krautige Pflanzen,

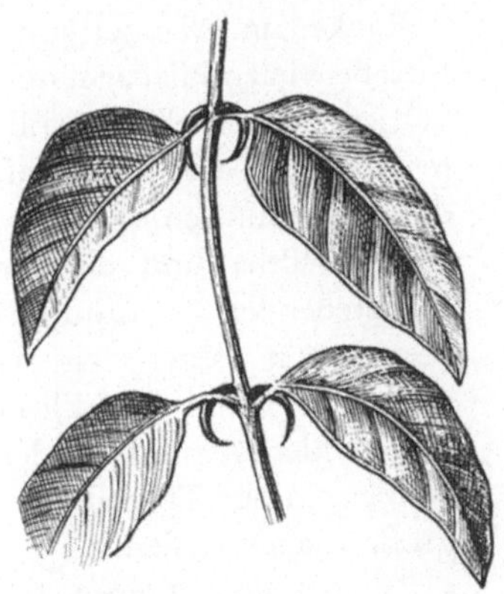

Abb. 64. Kletterhaken bei Uncaria (lat., die „Hakige").

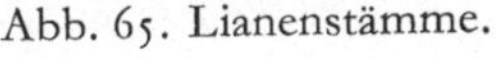

Abb. 65. Lianenstämme.

Abb. 66. Lianengewirr.

sondern auch gewaltige Stämme sich um andere herumwinden. Oft haben die windenden Sprosse noch große Haken, die ein Festhaften an den Stützen ermöglichen. Viele dieser kletternden Pflanzen werden gewaltige Lianen (Abb. 65, 66).

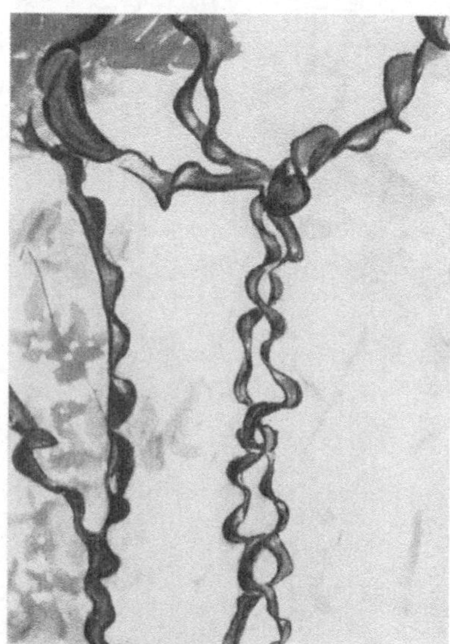

Abb. 67.
Stammteile einer Bauhinia-Liane.

Ranker und Winder kommen bei vielen Pflanzenfamilien vor; aber vielleicht sollten wir doch erwähnen, daß die Leguminosen (Schmetterlingsblütler und die ihr nahestehenden Mimosaceen), von denen wir ja auch in der heimischen Flora Rankenkletterer und Winder kennen, in den Tropen viele große Lianen stellen.

Zu den gewaltigsten Lianen der Leguminosen in den Tropen der Alten und der Neuen Welt gehört die

Gattung Entada, deren oft knorrig geformte kletternde Stämme eine Länge von 300 bis 400 m erreichen können und deren bis 1 m lange Früchte wie riesige Bohnenhülsen von den windenden Sprossen herabhängen; die Samen entsprechen mit ihrem Durchmesser von 4—5 cm diesen Dimensionen. Auch die Gattung Bauhinia, an ihren zweilappig geformten Blättern und den uhrfederartigen Ranken leicht erkenntlich, stellt viele und stattliche Kletterer unter den tropischen Leguminosen (Abb. 67, 68).

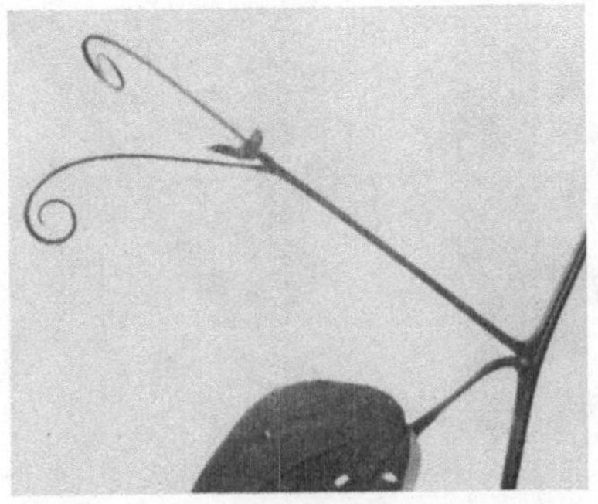

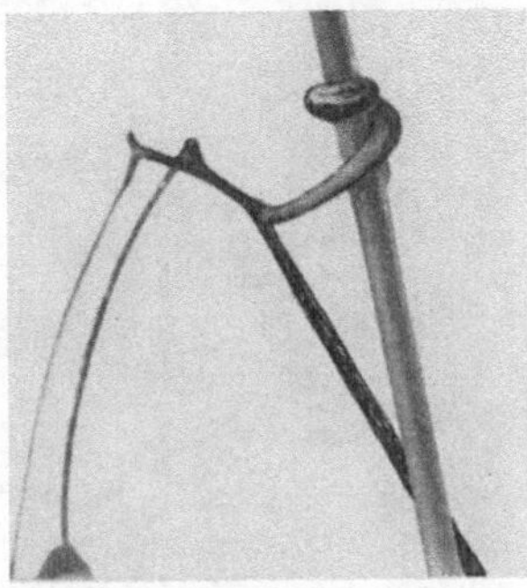

Abb. 68. Uhrfederranken bei einer Bauhinia, links vor der Erfassung einer Stütze, rechts starke Verdickung nach dem Umschlingen der Stütze.

So wie bei mehreren anderen rankenden Lianen können wir hier schön beobachten, wie sich die Ranken nach dem Erfassen einer Stütze schnell stark verdicken; sie verholzen dabei zugleich und werden sehr hart und fest.

4. Wurzelkletterer, Araceen

Auch mit Wurzeln klettern viele Pflanzen. Wir können hier namentlich eine große Zahl von Aronstabgewächsen nennen, deren Haftwurzeln sich fest dem als Stütze gewählten Baumstamm anschmiegen, während andere Wurzeln nach unten wachsen und für die Ernährung der Pflanze sorgen. Bei einigen dieser kletternden Araceen liegen die Wurzeln teilweise unter den dicht an den Stamm des Wirtsbaumes gepreßten Blättern, also in einem Raum, in dem sich die Feuchtigkeit gut hält, so daß die Wasseraufnahme der Wurzel erleichtert ist (Abb. 69—71).

Die Haftwurzeln liegen, ebenso wie übrigens auch bei Wurzelkletterern anderer Familien, sehr fest am Substrat. Versucht man, sie zu lösen, so wird man sie oft leichter zerreißen, mindestens aber werden sich Teile der Borke vom Wirtsbaum mit ablösen. Erreicht wird das feste Haften durch einen Filz dicht beieinanderstehender Wurzelhaare, die sich oft, bedingt durch den Schatten und die Feuchtigkeit, nur dort ausbilden, wo sich die Wurzeln einem Stamm anlegen. Die Entwicklung dieser Wurzelhaarhaftorgane wird durch die Berührung der Borke oder Rinde günstig beeinflußt. Die Haare wachsen nicht nur in alle Lücken der Oberfläche des Wirtsbaumes hinein, sondern verbreitern sich unter dem Einfluß des Berührungsreizes auch tiefer im Innern der Rinde, so daß eine feste Verankerung erreicht wird.

Abb. 69.
Haftwurzeln einer kletternden Monstera.

Abb. 70. Haftwurzeln eines vom Wirtsstamm abgelösten Philodendron.

Mit recht verschiedenartigen Mitteln also vermögen die Lianen zu klettern. Ohne auf diese Kletterorgane näher einzugehen, seien noch einige weitere auffällige kletternde Pflanzen genannt.

5. Schraubenpalmen

Bleiben wir zunächst noch bei den Blütenpflanzen. Neben den erwähnten kletternden Palmen sollten wir die ihnen äußerlich ähnelnden Schraubenpalmen (Pandanaceen) nennen, von deren Familie wir ja schon baumartige Vertreter kennenlernten. In den Tropen Asiens gibt es kletternde Pandanaceen; sie gehören zur Gattung Freycinetia und können

Abb. 71. An den Stamm des Wirtsbaumes gepreßte Blätter und Haftwurzeln der kletternden Aracee Scindapsus. Das rechte Teilbild zeigt ein Stück der vom Stamm abgelösten Pflanze mit den Wurzeln.

Abb. 72 Abb. 73

Abb. 72. Die Schraubenpalme Freycinetia. Abb. 73. Blütenstand von Freycinetia funicularis. Außen die blütenblattähnlichen Hochblätter, innen die 3 Blütenkolben und die (noch kürzeren) teilweise abgefressenen Beköstigungskörper.

einen starken Anteil an dem Lianenbestand der Bergwälder haben (Abb. 72). Auffällig sind an ihnen auch die Blüten oder richtiger die intensiv gefärbten Hochblätter, welche die Blütenkolben umgeben. So wie es auch sonst intensiv leuchtende Blüten tun, locken sie die hier für die Bestäubung wichtigen Vögel an. Einige Freycinetia-Arten besitzen sogar „Beköstigungskörper", nämlich zuckerhaltige innere Hochblätter, die hier so wie sonst der Nektar von den Vögeln gegessen werden (Abb. 73). Andere Freycinetia-Arten werden von Fledermäusen bestäubt; auch diese können den Bestäubern, namentlich sind es fliegende Hunde, gutschmeckende Hochblätter bieten.

6. Feigen, Gummibäume

Erwähnen müssen wir die Gattung Ficus, also die Verwandten der Feigen und des Gummibaumes. Unter den Hunderten von Arten dieser Gattung sind viele Kletterer. Einige Ficus-Arten zwar wachsen in Baumform, andere als Epiphyten, oft als Epiphyten, die zu Würgern werden; aber etliche treten uns als Lianen entgegen. Dabei gibt es zwischen den genannten Wuchsformen alle Übergänge. Ein Ficus, der freistehend wie ein gewöhnlicher Baum aussieht, kann im Waldschatten einen hochwindenden dünnen Stamm bilden oder zum Epiphyten werden. Die Ficus-Arten haben einen starken Anteil an der Lieferung der Nahrung für die Tiere des tropischen Regenwaldes. Die aus Stamm- oder Geißelblüten entstehenden, durch unangenehmen Geruch auffälligen, aber unscheinbar schmutzig gefärbten Früchte werden vorzugsweise von Fledermäusen gefressen (und verbreitet), die lebhaft gefärbten, im Geäst stehenden Früchte anderer Ficus-Arten von Vögeln.

7. Weitere Lianen

So wie die Ficus-Arten oft durch ihre aus dem Stamm hervorbrechenden Blüten und Fruchtstände auffallen, fallen kletternde Verwandte unserer Osterluzei (Aristolochiaceen) in allen Tropengebieten durch oft riesige Blüten auf (Abb. 74). Unsere Osterluzei ist die einzige Art dieser Familie, die sich soweit zum Norden vorgewagt hat; aber die eigentümliche Bestäubung durch Insekten, die in den röhrenförmigen Blüten durch Reusenhaare festgehalten werden, hat sie mit ihren tropischen und subtropischen Verwandten gemeinsam. Die in die Blüten gelockten und dort gefangenen Insekten können erst wieder heraus, wenn die Reusenhaare nach der Öffnung der Staubgefäße schrumpfen (Abb. 74,75). Die Blüten haben oft einen starken Aasgeruch, der die Fliegen anlockt.

Fast selbstverständlich ist es, daß die Familie der Vitaceen, zu der die Weinrebe gehört, und deren Vertreter fast alle Rankenkletterer sind, in den Tropen zu den wichtigsten Lianen gehört, und zwar vor allem mit der Gattung Cissus.

Abb. 74. Eine Riesen-„Osterluzei", Aristolochia grandifloris.

Die bisher genannten Lianen gehören Familien an, die uns nicht fremd sind. Um nun wenigstens noch eine ganz andere zu nennen, sei die riesige Phytocrene erwähnt (Abb. 76), die zu den Lianen mit sehr wasserreichem Stamm gehört (bekanntlich liefern diese Lianen dem Wanderer gutes Trinkwasser, das durch einfaches Aufschlagen des Stammes gewonnen werden kann). Die Phytocrene, die zu der rein tropischen Familie der Icacinaceen gehört, besitzt eigentümliche kauliflore Blütenstände und große Fruchtstände.

Die Farne haben einen gar nicht so unbedeutenden Anteil an den Kletterpflanzen der Tropen. Spreizklimmer unter ihnen lernten wir schon kennen. Oft aber kriechen sie auch mit ihren Wurzelstöcken (Rhizomen) an den Stämmen der Wirtsbäume empor. Eine besondere Erwähnung verdienen dabei die Hymenophyllaceen (griech., „die Hautblättrigen", Abb. 77). Wir finden sie schon auf dem Waldboden. Aber die auffälligsten unter ihnen sind doch die kletternden und die epiphytischen. Ihre Wedel können zwar groß sein, sind aber überaus dünn und zart, oft nur aus einer Zellschicht bestehend. Es sind typische Formen der

Abb. 75. *a* Blick auf die Blüte von Aristolochia grandifloris mit Aasfliegen, *b* die vergrößerten Reusenhaare im Innern einer Aristolochia-Blüte.

Nebelwälder. Nur dort herrscht die hohe und ständige Luftfeuchtigkeit, ohne die sie sofort welken. Schon beim zufälligen kurzen Zutritt eines Sonnenstrahls sieht man sie in wenigen Minuten welken. Sobald aber der Strahl weitergezogen ist, werden sie wieder frisch. Es sind also extreme Schattenpflanzen, die sich fast wie Wasserpflanzen verhalten; „Dampfpflanzen“ oder „Nebelpflanzen“ möchte man sie nennen.

Abb. 76. Kauliflore Blütenstände der Liane Phytocrene.

Alle erwähnten Kletterpflanzen benutzen den Wirtsbaum nur als Stütze; sie holen also keine Nahrungsstoffe aus ihm heraus, sie sind keine Parasiten. Trotzdem können sie der Wirtspflanze Schaden zufügen, sie u. U. so sehr schwächen, daß sie im starken Konkurrenzkampf des tropischen Regenwaldes nicht mehr bestehen kann. Sie schädigen vor allem, indem sie sich nach der Erreichung des Kronendaches flach über die ganze Krone des Wirtsbaumes ausbreiten. Unter diesem grünen Teppich bekommt der Wirtsbaum oft nicht mehr genügend Licht.

Daneben gibt es auch kletternde Parasiten, die aber nicht hier erwähnt werden sollen.

Abb. 77. Ein Farn der Gattung Hymenophyllum im tiefen Schatten der feuchten Waldgebiete.

VI. Die Epiphyten und Würger

1. Lebensbedingungen der Epiphyten

Bei der Beschreibung der Pflanzen des tropischen Regenwaldes kann man ohne zu übertreiben oft in Superlativen sprechen. Wir sehen hier tatsächlich extrem hohe Bäume, wir sehen die größten Blütenstände, die größten Einzelblüten, die meisten und die längsten Kletterer. Aber in biologischer und ökologischer Hinsicht am interessantesten ist wohl die große Gruppe der Epiphyten (griech., wörtlich übersetzt: „Auf-Pflanzen"), der Pflanzen, die gar nicht den Erdboden berühren, sondern auf anderen leben, ohne diesen (wie es die Parasiten tun) Nahrungsstoffe zu entziehen.

Die Epiphyten müssen natürlich besondere Anpassungen an ihre ungewöhnlichen Bedingungen besitzen. Zwei „Sorgen“ haben sie an ihrem eigentümlichen Standort immer. Namentlich ist es die Sorge um die Sicherung des Wasserhaushalts. Gewiß ist der tropische Regenwald feucht, und in der Kronenregion zwar nicht mehr so feucht wie in der Nähe des Waldbodens, aber doch immer noch viel feuchter als ein außertropischer Wald. Trotzdem leiden die Epiphyten leicht unter Wassernot; denn für die Wasserbilanz einer Pflanze ist ja nicht nur entscheidend, wie trocken die Luft ist, in der die Blätter leben, sondern wichtiger noch ist der Wasserzustand im Substrat, mit dem sich die Wurzeln abfinden müssen. Pflanzen außerhalb der feuchten Tropen haben meist wenigstens die Möglichkeit, ihr Wasser aus dem feuchten Boden zu holen. Die Epiphyten können das nicht. Daher sehen wir häufig, daß sie Regenwasser auffangen und sogar speichern. Selbst den Charakter von Xerophyten, also von Pflanzen, die extrem trockenen Gebieten angepaßt sind, nehmen sie oft an.

Die andere „Sorge“ der Epiphyten ist die Verbreitung. Viele dieser Pflanzen sind so streng auf die epiphytische Lebensweise eingestellt, daß sie auf dem Erdboden gar nicht mehr gedeihen können. Wenn also ihre Samen nicht schon vom geringsten Luftzug oder von Tieren wieder ins Geäst eines Baumes getragen werden, können sich aus ihnen keine Pflanzen entwickeln.

Natürlich spielt, wie bei allen grünen Pflanzen, auch die Lichtintensität für die Entwicklungsmöglickeiten der Epiphyten eine Rolle. Sie sind anspruchsvoller als die Schattenpflanzen des Waldbodens; aber die meisten wachsen doch nicht etwa nur in den höchsten Teilen der Baumkronen, sondern auch an tieferen Ästen, oft sogar an Stämmen unterhalb der Krone. Sie bekommen daher meist nur zwischen etwa 10—50% des vollen Sonnenlichts.

Obwohl die Epiphyten keine Nahrungsstoffe aus den Wirtsbäumen herausholen, suchen sie doch nicht wahllos auf einer jeden Baumart ihr Quartier. Sie zeigen eine gewisse Spezialisierung, die aber doch lange nicht so weit getrieben ist wie bei Parasiten. Verschiedene Faktoren, namentlich natürlich die Beschaffenheit der Oberfläche, spielen hierbei eine Rolle. Restlos bekannt sind uns diese Faktoren durchaus noch nicht. Es gibt sogar Epiphyten, die offenbar darauf angewiesen sind, daß der Wirtsbaum lebt; denn an toten Ästen sterben sie ab, und es gelingt selbst in den botanischen Gärten der Tropen nicht, sie an toten Stammstücken zu kultivieren. Hierzu gehört z. B. die fast nur aus Wurzeln bestehende Orchidee Taeniophyllum (Abb. 80).

Eine andere Tatsache, die für Wechselbeziehungen zwischen Epiphyten und ihren Wirten spricht, besteht darin, daß manche Wirtsbäume unter den Epiphyten mehr leiden als es der relativ geringe Lichtentzug verständlich machen kann. Gelegentlich gehen die Wirte dabei sogar zugrunde. Es scheint, daß hierbei eine überaus interessante Wechselwirkung im Spiel sein kann: Epiphytische Orchideen und auch einige andere Epiphyten leben mit Pilzen vergesellschaftet. Solche „Mykorrhiza-Pilze" (griech., „Pilzwurzel") wachsen auch bei vielen anderen Pflanzen (etwa unseren Waldbäumen) regelmäßig auf und in den Wurzeln; sie sind für die Versorgung ihres Partners, also der Blütenpflanze, mit Wirkstoffen (Vitaminen usw.) notwendig. Gelegentlich nun können die Mykorrhiza-Pilze der Epiphyten in das Gewebe der Wirtsbäume eindringen und dabei zu Parasiten für diese werden. Solche Beziehungen zwischen den 3 Partnern, Stützbaum, Epiphyt und Pilz, könnten auch dafür verantwortlich sein, daß, wie erwähnt, einige Epiphyten nur auf lebenden Stützbäumen wachsen.

2. Epiphytische Orchideen

Die meisten der bei uns in Gewächshäusern kultivierten Orchideen sind typische Epiphyten. Erdbewohnende Orchideen sind in den Tropen seltener als epiphytische. Hunderte verschiedener Orchideenarten lassen sich selbst in Waldflächen von nur einigen hundert Quadratmetern Ausdehnung finden. Mehr als 10000 Arten von Orchideen besitzen die Tropen.

Die Anpassungen an die epiphytische Lebensweise sind mannigfaltig. Bemerkenswert sind schon die Samen; sie sind nämlich fein wie Staub und können dadurch leicht verbreitet werden. Bei einigen Arten bekommen sie sogar durch in den Früchten befindliche Schleuderhaare einen guten Start. Da sie zudem in großen Mengen erzeugt werden und oftmals in feinen Wolken die Mutterpflanze verlassen, ist die Chance, daß wenigstens einige einen geeigneten Standort auf einem Ast finden, recht gut. Von solchen Orchideen-Samen können 10000, bei einigen Arten auch 20000 auf 1 g gehen. Die Flugfähigkeit wird noch durch Lufthüllen in den Samenschalen erhöht. So klein sind die Orchideen-Samen, daß kein Platz für ein Nährgewebe bleibt. Daher sind die Keimlinge zunächst auf ein Zusammenleben mit Pilzen angewiesen, von denen sie bestimmte, für das Wachstum notwendige Wirkstoffe vitaminartiger Natur beziehen. Einige der epiphytischen

Abb. 78. Eine der Orchideen mit wasserspeichernden Knollen (Coelogyne graminifolia).

Orchideen werden auch durch Ameisen verbreitet, die die ölhaltigen Samen der betreffenden Arten sammeln. Die heranwachsenden Orchideen haben oft wasserspeichernde Knollen, mit deren Hilfe sie ungünstige Monate überdauern können (Abb. 78). Die Wasseraufnahme erfolgt bei manchen Arten mit Luftwurzeln, deren äußerer lufthaltiger Gewebemantel (Velamen) Wasser aufnehmen kann. Die Wurzeln können aber noch mehr leisten. Bei einigen Arten wachsen sie nach oben, sterben dabei ab und lassen nur die harten Teile, also namentlich die Gefäßbündel, zurück, die nun einen stacheligen Korb bilden, in dem sich ansehnliche Mengen von totem Laub der Wirtsbäume sammeln können, die allmählich zu wertvollem Humus werden (Abb. 79). Das gilt etwa für Grammatophyllum, dessen Sprosse nicht selten 20—30 m lang werden und in den Stützbäumen hoch emporklettern. Auch als Haftorgane können Luftwurzeln epiphytischer Orchideen dienen. Sie legen sich durch negativen Phototropismus, d. h. vom Licht

Abb. 79. Eine große kletternde Orchidee (Grammatophyllum). Links oben Keimpflanze mit dem ausgedehnten Wurzelsystem, rechts oben Blick auf die Blätter, unten das humussammelnde Wurzelsystem. In den Blättern (rechts oben) wächst neben Farnen auch eine Dischidia mit zarten, hängenden Sprossen und sehr kleinen Blättern.

fortwachsend, dem dunklen Stamm des Wirtsbaumes fest an und können nicht nur das Haften ermöglichen, sondern auch von dem in der Borke und in ihrem Moospolster befindlichen Wasser und den anderen durch organische Zersetzung dort angehäuften Stoffen aufnehmen. So wichtig ist dieses Wurzelsystem, daß es meist viel rascher ausgebildet wird als die Sprosse (Abb. 79). Natürlich sind zugleich auch andere Epiphyten Nutznießer dieses Humus.

Abb. 80. Taeniophyllum, eine epiphytische Orchidee ohne Blätter. Man sieht eine ältere Pflanze mit der Blüte und einen Keimling.

Sogar grüne Luftwurzeln findet man, die also Chlorophyll enthalten und an der Assimilation teilnehmen. Bei einigen Arten mit solchen assimilierenden Wurzeln, nämlich denen, die zur Gattung Taeniophyllum gehören (Abb. 80), kann die genannte Bevorzugung der Wurzelentwicklung so weit gehen, daß die Sprosse und Blätter fast ganz zurückgebildet sind und die Assimilation nur von den flach dem Substrat anliegenden Wurzeln durchgeführt wird. Auf diesen Wurzeln bleibt dann nur ein winziger Sproß mit kleinen Blüten erkennbar. Der Name Taeniophyllum (griech., „Bandblatt“) ist also nicht treffend. In den Früchten von Taeniophyllum befinden sich zahlreiche feine Haare, die sich, wie auch bei einigen anderen epiphytischen Orchideen, bei Feuchtigkeitsschwankungen bewegen können (hygroskopische Bewegungen) und dadurch die Samen aus den Früchten herausschleudern.

Orchideen können im tropischen Regenwald zu jeder Zeit blühend angetroffen werden. Es gibt aber auch Arten, deren

Blühen periodisch erfolgt. Wo einige Monate mit geringen Niederschlägen herrschen, können wir beobachten, daß manche Orchideen ihr Laub in diesen Monaten verlieren und nur die wasserspeichernden Knollen und Wurzeln zurückbleiben. Diese Orchideen können dann nicht selten während des letzten Abschnitts der Trockenzeit blühen, kurz bevor die Regenfälle wieder einsetzen und sich neue Laubblätter entfalten.

Abb. 81. Dendrobium crumenatum, eine Orchidee, die das Phänomen des gleichzeitigen Blühens vieler Exemplare zeigt.

Interessant ist das Verhalten von Dendrobium crumenatum (Abb. 81; Dendrobium: griech., „Auf-dem-Baum-Lebender"). Wochen- und monatelang wird man vergeblich nach blühenden Exemplaren suchen. Dann aber können weit und breit alle Individuen dicht mit ihren weißen Blüten übersät sein. Nach wenigen Stunden schon ist die ganze Pracht verblüht und es dauert wieder eine längere Zeit bis zur nächsten Blühperiode. Die Erklärung haben wir schon für andere Pflanzen genannt, die sich ähnlich verhalten: Blütenknospen bilden sich fortgesetzt, aber auf einem bestimmten Entwicklungsstadium stockt ihr Weiterwachsen. Diese Hemmung muß durch einen heftigen Regenfall, der eine vorübergehende Abkühlung mit sich bringt, beseitigt werden. Nach reichlich einer Woche sind dann alle Blüten soweit weiterentwickelt, daß sie sich öffnen.

3. Epiphytische Bromeliaceen

Eine typische Epiphyten-Familie ist auch die der Bromeliaceen, obwohl die bekannteste Art, nämlich die Ananas, auf dem Erdboden kultiviert wird. Die Bromeliaceen sind auf die Tropen Amerikas beschränkt. Bei ihnen finden sich wieder interessante Anpassungen. Die zu großen Trichtern dicht zusammenschließenden unteren Blatteile ermöglichen bei manchen Arten das Sammeln und Verwahren großer Mengen Wassers, die etwa durch Saugschuppen von den Blättern nach und nach aufgenommen werden können (Abb. 82). In den Trichtern werden natürlich auch tote Blätter gesammelt, die nach ihrer Zersetzung zur Ernährung der Bromeliaceen beitragen. In den ansehnlichen Wassermengen leben viele Pflanzen und niedere Tiere, auch z. B. die Larven der Malaria übertragenden Mücken und andere Insekten. Aber auch größere Tiere, etwa Frösche, haben hier ihren Lebensraum. Einige dieser Arten haben sich sogar auf diesen Wohnort spezialisiert.

Andere Bromeliaceen können sehr starke Reduktionen zeigen, so daß im Extremfalle nur ein flechtenartiges Gebilde übrig bleibt, das nur leben kann, weil sich in ihm tote Blätter von Bäumen, der Kot von Vögeln usw. verfängt (Abb. 83).

4. Epiphytische Kannenpflanzen

Meist epiphytisch, gelegentlich aber auch als Kletterer, an offenen Stellen sogar auf dem Erdboden, leben die Arten der berühmten Kannenpflanze Nepenthes (Abb. 84). Die Kannen dienen übrigens nicht nur dem Fang von Insekten, sondern auch der Wasserspeicherung. Das ist wohl sogar die ursprüngliche Funktion, die bei einem Epiphyten leicht verständlich ist, und der Insektenfang ist erst später hinzugekommen. Die Fangeinrichtung, die im wesentlichen in einer mit nach unten gerichteten Haken ausgerüsteten Gleitzone beruht, ist so wirksam, daß oft riesige Mengen von Ameisen in den Kannen gefunden werden; auch Käfer, selbst größere Exemplare, gehören zu den Opfern. Alle gefangenen Tiere werden durch die Tätigkeit von Verdauungsdrüsen, welche eiweißlösende Fermente absondern, schnell verdaut, so daß nur die Chitinskelette übrig bleiben.

Abb. 82. Eine Bromeliacee mit wasserspeicherndem Blatt-Trichter (Aregelia).

Den größten Reichtum an Nepenthes-Arten hat die Insel Borneo; aber auch die anderen Tropenländer, die an den Indischen Ozean grenzen (von Madagaskar bis Nordaustralien) besitzen Arten dieser Kannenpflanzen. Dieses Vorkommen von Arten ein und derselben Gattung in der malayischen Region und etwa auf Madagaskar ist übrigens nicht nur für Nepenthes festgestellt worden, sondern bei vielen anderen Gruppen ebenfalls.

a

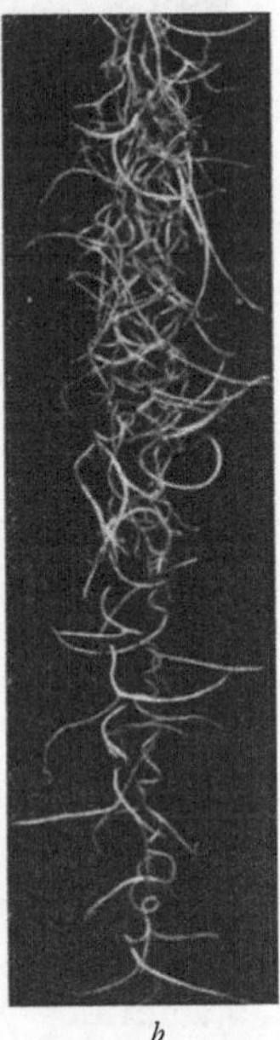

b

Abb. 83. *a* Tillandsia usneoides (d. h. die „bartflechtenartige" T.) an den Ästen eines Baumes hängend (phot. Prof. Dr. *Karl Paech*), *b* einzelnes Exemplar dieser Tillandsia.

Da andererseits diese Gattungen den verhältnismäßig schmalen Meeresstreifen zum afrikanischen Kontinent mit ihren Verbreitungsmitteln nicht überspringen können, dürfen wir hier wie in noch anderen pflanzengeographischen Tatsachen eine Stütze der Theorie der „Kontinentalverschiebung“ sehen, nach der alle Erdteile früher zusammenhingen und sich erst allmählich voneinander entfernten. Auch zur Erklärung bestimmter Ähnlichkeiten in der Zusammensetzung der Vegetation der Alten und der Neuen Welt ist diese Theorie übrigens herangezogen worden. Man kann dabei sogar aus der Art der Verbreitung bestimmter Pflanzengruppen Rückschlüsse auf den Zeitpunkt ihrer Entstehung ziehen; je nachdem, wann eine Pflanzenfamilie oder -gattung stammesgeschichtlich entstanden ist, d. h. je nachdem welche Kontinente sich zum Zeitpunkt dieser Entstehung schon voneinander getrennt hatten, bzw. wieweit die Entfernung zwischen ihnen geworden war, wird auch das Verbreitungsgebiet der Gruppe jetzt unterschiedlich sein. Nur wenn eine Pflanze über besonders gute Verbreitungsmöglichkeiten verfügt, wie wir es etwa bei den Strand- und Mangrove-Pflanzen fanden, kann sie sich auch bei der jetzigen Lage der Kontinente noch über den ganzen Erdball verbreiten.

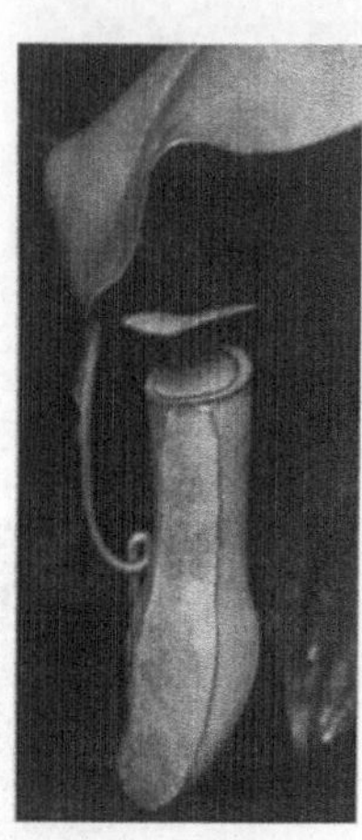

Abb. 84. Kanne von Nepenthes.

Interessanterweise gibt es auch Tiere (etwa Insekten und Larven), die von den Fermenten der Kanne nicht angegriffen werden und mindestens große Teile ihres Lebens in ihnen verbringen.

5. Weitere epiphytische Blütenpflanzen

In den Tropen Asiens finden wir mehrere Arten der Gattung Dischidia mit schönen Anpassungen an die epiphytische Lebensweise. Es gibt Arten, bei denen muschelförmige Blätter eng dem Stamm des Wirtsbaumes anliegen und unter sich einen feuchten Raum erhalten, in dem die Wurzeln gute Bedingungen vorfinden (Abb. 85 a). Das ist ein Prinzip, welches auch viele andere Epiphyten sowie manche Kletterpflanzen anwenden.

Noch interessanter ist Dischidia rafflesiana (Abb. 85 b). Bei ihr ist ein Teil der Blätter zu Urnen umgewandelt. Die Hauptfunktion dieser Schlauchblätter ist das Speichern von Wasser oder zumindest die Erhaltung eines feuchten Raumes, in dem wieder die

a *b*

Abb. 85. Dischidia-Arten, *a* D. pectinoides, mit Blättern, die sich mit ihrem Rand den Baumstämmen eng anlegen. Beim Entfernen von Blättern (Bildmitte) sieht man das darunter befindliche Wurzelsystem, *b* D. rafflesiana, mit Schlauchblättern.

Wurzeln ständig frisch bleiben (Abb. 86). Regelmäßig leben in diesen Blättern Ameisen, die durch das Sammeln ihrer Nahrungsstoffe sehr zur Bildung von Humus und damit indirekt zur Ernährung des Epiphyten beitragen. Andere Dischidien, etwa die in Abb. 79 zwischen den Blättern der Orchidee erkennbare, haben kleine aber fleischige (wasserspeichernde) Blätter.

Die Samen von Dischidia haben im allgemeinen einen ansehnlichen Haarschopf, der für ihre leichte Verbreitung durch die geringsten Luftströmungen im Regenwald wichtig ist (Abb. 87). Die in Gemeinschaft mit Dischidia lebenden Ameisen können auch zur Verbreitung der Pflanze beitragen. Sie schleppen die Samen fort, so daß man oftmals auf Ameisengängen Dischidia keimen sieht. Nur durch diese Hilfe der Ameisen können die Samen wohl

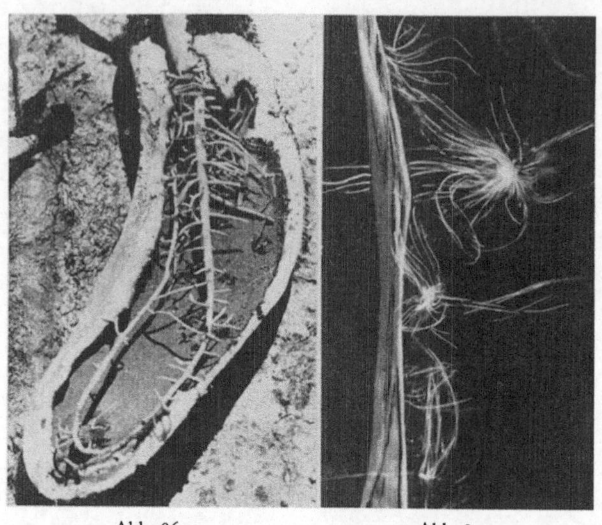

Abb. 86 Abb. 87

Abb. 86. Aufgeschnittenes Schlauchblatt von Dischidia rafflesiana mit der darin befindlichen Wurzel.

Abb. 87. Samen mit Flughaaren einer Dischidia-Art.

in die tieferen Teile der Rinde gelangen und so einen geeigneten Keimort finden.

Auch die Keimung der Dischidia-Samen kann interessant sein. Bei einigen Arten bildet das unter den Keimblättern stehende junge Sproßglied schon sehr früh eine kleine Knolle aus, also ein wasserspeicherndes Organ, das dem Keimling hilft, über trockene Tage oder Wochen hinwegzukommen. Sodann fällt am ganz jungen Keimling ein Kranz von Wurzelhaaren auf, der ein schnelles Haften am Substrat ermöglicht (Abb. 88). Solche Erscheinungen finden wir übrigens nicht nur bei Dischidia, sondern auch bei vielen anderen Epiphyten.

Die Hohlräume in umgestalteten Blättern werden auch bei anderen Epiphyten gern von Ameisen aufgesucht, die so regelmäßig in diesen Höhlungen, aber auch in Höhlungen wasserspeichernder Knollen leben, daß man gelegentlich an eine Symbiose im strengeren Sinne gedacht hat, etwa daran, daß die Pflanzen den Ameisen die Hohlräume darbieten, um sich ihres Schutzes vor blattfressenden Insekten erfreuen zu können. Aber die primäre Aufgabe der Höhlungen ist es eben nur, die Feuchtigkeit oder sogar das flüssige Wasser festzuhalten; die Ameisen haben nur durch das Sammeln von Humus lieferndem Material einen Nutzen für die Pflanzen.

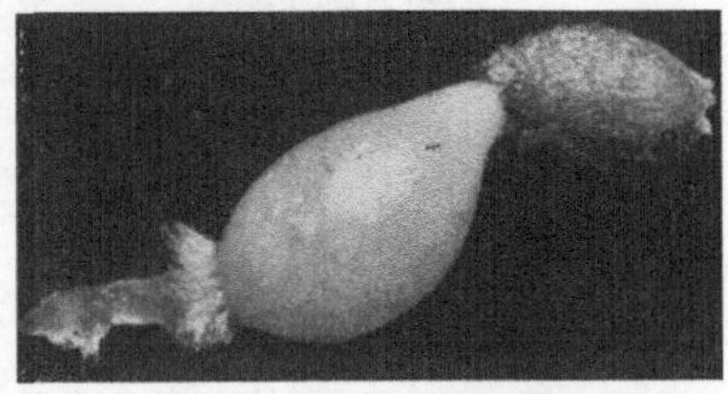

Abb. 88 Keimender Dischidia-Same mit wasserspeichernder Knolle und einem Kranz von Wurzelhaaren.

Zu nennen wäre hier etwa die Myrmecodia tuberosa (griech.: myrmekos = Ameise; lat.: tuberosa = knollentragende) mit ansehnlichen Knollen und einem Labyrinth von Hohlgängen, die von den Ameisen oft noch etwas erweitert werden (Abb. 89). Auch bei diesem Epiphyten werden die Knollen, und ebenso die Hohlräume in ihnen, übrigens schon am ganz jungen Keimling deutlich. Die beerenähnlichen Früchte sind reich an Öl und Zucker; daher werden sie von Vögeln gesucht und gelangen so leicht zu neuen Standorten.

a *b*

Abb. 89. *a* Die Ameisenpflanze Myrmecodia tuberosa, *b* aufgeschnittene Knolle einer solchen Pflanze mit den regelmäßig von Ameisen bewohnten Hohlräumen.

Auffällige epiphytische Kräuter finden wir unter den Arten der tropischen Familie der Gesneriaceen (Abb. 90). Manche, etwa die Gattung Trichosporum, zeichnen sich ähnlich wie die Orchideen durch sehr kleine Samen aus, deren Flugfähigkeit aber noch durch Flugblasen und feine Borsten erhöht wird. Trichosporum heißt

a *b*

Abb. 90. Die an Vogelbestäubung angepaßte Blüte von Columnea gloriosa, *a* in jungem, *b* in etwas älterem Zustand.

(griech.) „die Haarsamige" (Abb. 92). Die Vertreter dieser Gattung, und ebenso die einiger anderer der gleichen Familie, fallen durch ihre leuchtend roten Blüten auf, die von Nektar sammelnden Vögeln bestäubt werden. Staubgefäße und Narben sind dabei so angeordnet, daß sie vom Kopf des Vogels berührt werden müssen. Da wenigstens bei manchen dieser Arten die Staubgefäße vor den Narben reifen, ist die Fremdbestäubung gesichert: Der vom Vogel aus einer Blüte mit reifen Staubgefäßen abgestreifte Pollen kann nur in einer anderen Blüte auf eine befruchtungsfähige Narbe gelangen (Abb. 91).

Vogelblumen sind auch die im tropisch-amerikanischen Regenwald als Epiphyten lebenden Marcgravia-Arten (Abb. 93). Die Blütenstände hängen weit aus der Pflanze heraus. An ihren langen

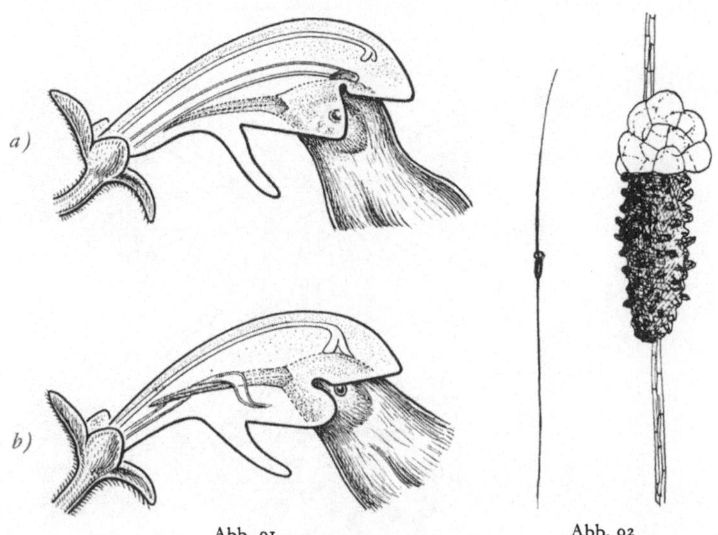

Abb. 91

Abb. 92

Abb. 91. Honigvogel, eine Gesneriaceen-Blüte besuchend, *a* junge Blüte, *b* ältere Blüte.

Abb. 92. Samen einer Trichosporum-Art mit Borsten und luftgefüllten Zellen. Links schwach, rechts stark vergrößert.

Achsen befinden sich auf kurzen Stielen zahlreiche Einzelblüten. Interessanterweise sind nun die Blüten der äußersten Spitze (also die an der hängenden Achse am weitesten unten befindlichen) verkümmert. Gut ausgebildet sind bei diesen verkümmerten Blüten nur die Stiele und Hochblätter, und zwar sind sie zu riesigen Nektarien umgewandelt. Diese Nektarien sind so geformt, daß der Vogel sie nicht von der Seite her, sondern nur von oben erreichen kann. So muß er mit seinem Kopf sowohl beim Anflug wie beim Rückflug Pollen und Narben berühren.

Viele andere Epiphyten könnten noch erwähnt werden. Manche sind auch darunter, die zwar in tieferen und mittleren Höhenlagen epiphytisch leben, höher in den Bergen aber, wo der Wald lichter wird oder ganz aufhört, zu erdbewohnenden Pflanzen werden. Dabei kann sich dann ihr Aussehen nicht unerheblich ändern; namentlich die wasserspeichernden Knollen, etwa Knollen der Stammbasis, können fehlen.

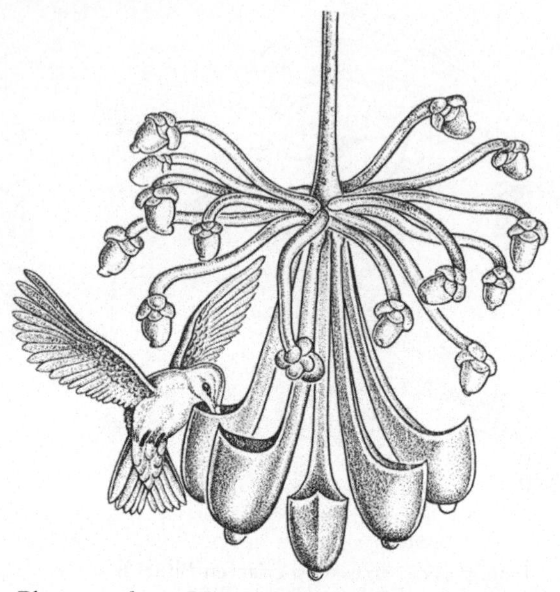

Abb. 93. Blütenstand von Marcgravia picta mit einem nektarsuchenden Vogel. Teilweise nach *Wissmack* und nach *Mirande*.

6. Ameisen-Blumengärten

Wir sahen, wie oft epiphytische Pflanzen durch die Sammeltätigkeit von Ameisen zu neuen Wirtsbäumen gelangen. Diese Verbreitungsart ist im tropischen Regenwald ebenso wichtig wie die durch Vögel. Manche Samen, aber auch die Sporen vieler Farne sind dieser Verbreitung durch den Besitz von Öl, das oft in besonderen Anhängseln („Ölkörperchen") enthalten ist, sehr gut angepaßt.

Auch in den gemäßigten Zonen gibt es Pflanzen, die so verbreitet werden; aber in den Tropen ist die Erscheinung doch viel häufiger, besonders eben bei Epiphyten. Die Beziehung solcher Pflanzen zu den Ameisen kann so fest sein, daß (wie wir es schon bei einer Dischidia sahen) der Keimort in enger Beziehung zu den Wanderwegen, gelegentlich auch zu den Nestern der Ameisen stehen kann. So gibt es namentlich in den Tropen Amerikas „Blumengärten“ von Ameisen mit einer ganz charakteristischen Flora. Aus den in Baumkronen angelegten Nestern der Ameisen wachsen dann immer wieder dieselben Arten von Epiphyten hervor. Zu diesen Epiphyten können Araceen, Bromeliaceen, Pfeffergewächse (Piperaceen), Gesneriaceen, Ficus-Arten usw. gehören, also immer Pflanzen aus Familien, die einen großen Anteil an der epiphytischen Flora der tropischen Wälder haben (Abb. 94).

Abb. 94. Ameisen-Blumengarten an einem Baumstamm.

7. Epiphytische und würgende Ficus-Arten

Die meisten tropischen Vertreter der Gattung Ficus, also die Verwandten der Feige und des Gummibaumes (dieser, Ficus elastica, selber auch), sind normalerweise zunächst Epiphyten. Ihre Samen gelangen häufig durch Vögel oder Fledermäuse zu ihrem neuen Standort. Ganz bescheiden und harmlos sieht ein solcher Ficus-Keimling zunächst aus, etwa wenn er in einem Trichter des Nestfarns, zu dem die Frucht getragen wurde, keimt (Abb. 95). Aber bald beginnt er Wurzeln nach unten zu schicken, die solange schnell weiterwachsen, bis sie den Erdboden erreichen. Dort dringen sie ein, verzweigen sich und können dem Sproß und seinen Blättern zusätzliche Nahrung verschaffen. Immer mehr solcher Luftwurzeln entstehen. Zunächst sind sie nur dünn und zart; aber nach der Erreichung des Erdbodens beginnt ihr starkes Dickenwachstum, so daß ansehnliche Säulen geformt werden können. An den Stamm des Wirtsbaumes können sich bei manchen Ficus-Arten solche Wurzeln ebenfalls legen; sie bilden einen immer dichter werdenden Mantel um den Stamm und „erwürgen" ihn langsam (Abb. 96, 97). Aber auch wenn der

Abb. 95. Junges Exemplar eines Gummi-Baumes (Ficus elastica), der in einem Nestfarn gekeimt ist (vom Nestfarn, der in Abb. 98 besser erkennbar ist, sieht man nur einige Wedel).

Abb. 96. Ficus mit zahlreichen Stützwurzeln.

Ficus nur jene Säulen formt, muß der Wirtsbaum schließlich sterben; denn der ursprünglich so harmlos aussehende Epiphyt bedeutet für ihn eine starke Konkurrenz um die Nahrungsstoffe im Boden und eine noch stärkere Konkurrenz um das Licht. Die gewaltige Ficus-Krone läßt in ihrem Schatten den Wirtsbaum einfach an Lichtmangel eingehen.

Wenn der Wirt schon lange abgestorben ist, kann der Ficus, der jetzt selbständig geworden ist, immer weiterwachsen, mit neuen Luftwurzeln immer mehr Säulen bilden, so daß die ganze Krone schließlich einen Umfang von mehreren hundert Metern hat.

Abb. 97. Würgender Ficus an einem Wirtsbaum.

8. Epiphytische Farne

Die meisten Epiphyten des tropischen Regenwaldes gehören zu den Farnen. Ganz besonders gilt das für die montanen Wälder mit hoher Luftfeuchtigkeit. Bei vielen epiphytischen Farnen finden wir ganz ähnliche Anpassungen wie bei den epiphytischen Blütenpflanzen.

Wollen wir mit den auffälligsten Formen beginnen, so müssen wir für die Tropen der Alten Welt den Nestfarn Asplenium nidus (lat. nidus = Nest) nennen (Abb. 98). Seine riesigen ungeteilten Wedel bilden am Grund einen ansehnlichen Trichter, in dem sich etliche Kilogramm humusbildenden Materials aus toten Ästen und Blättern sammeln können und in dem auch ebenso ansehnliche Wassermengen lange Zeit festgehalten werden. Diese gefüllten Trichter, von denen nicht selten mehrere an einem Ast stehen, werden häufig so schwer, daß die Äste des Wirtsbaumes unter der Last abbrechen. Andere Farne, die auch in

Abb. 98. Nestfarn (Asplenium nidus), ein häufiger Epiphyt in den Bäumen.

ähnlich geformten Trichtern Wasser und Humus sammeln, kommen hinzu. Nicht selten dienen solche Trichter anderen Epiphyten, Farnen und Blütenpflanzen als „Blumentopf", der hier ja wirklich mit bestem Humus gefüllt ist.

Abb. 99. Ein junges Exemplar eines Farnes der Gattung Platycerium. Rechts oben die humussammelnden, etwa muschelförmigen Blätter, herunterhängend die assimilierenden Blätter.

Auffällig sind die Vertreter der Gattung Platycerium (griech., d. h. etwa „Flachgeweih"), zu der auch Farne mit mehreren Metern langen Wedeln gehören (Abb. 99). Diese sog. „Hirschgeweihfarne" besitzen 2 Arten von

Blättern, breite Nischenblätter, deren unterer Rand der Rinde des Wirtsbaumes eng anliegt, und große geweihartig gelappte Wedel, die der Assimilation dienen. Andere Farne, etwa Drynaria-Arten, haben eine ähnliche Arbeitsteilung zwischen humussammelnden ungeteilten eichenblattförmigen Nischenblättern (griech. drys = Eiche) und assimilierenden geteilten Blättern (Abb. 100). Die

a Abb. 100. *b*

Drynaria, *a* Gesamtbild, *b* die humussammelnden Nischenblätter.

humussammelnden Blätter pflegen bald abzusterben, aber sehr fest zu sein und nicht abzufallen; so können sie länger ihre Funktion ausüben als die assimilierenden Wedel. Es gibt sogar Formen, die in Gebieten mit regelmäßigen Trockenzeiten ihre assimilierenden Wedel am Ende der Regenzeit abwerfen. Das Sammeln von toten Blättern des Wirtsbaumes in den verbleibenden dürren Nischenblättern aber kann auch in der Trockenzeit fortgesetzt werden. So finden die beim Beginn der nächsten Regenzeit treibenden grünen Wedel gleich einen Vorrat an Nahrungsstoffen.

Wie bei den epiphytischen Blütenpflanzen gibt es auch bei den epiphytischen Farnen nicht nur Organe des Wasserauffangens, sondern auch solche der Wasserspeicherung. Die am Stamm kriechenden Wurzelstöcke können in Hohlräumen, die übrigens bei einige Arten wieder von Ameisen aufgesucht werden, Wasser sammeln (Abb. 101). Bei manchen sind die Blätter klein, fast schuppenförmig, speichern aber in einem fleischigen Gewebe reichlich Wasser. Andere bilden nicht nur unter einzelnen Blättern, sondern unter dem ganzen Sproß, der dann blattartig flach sein kann, einen Hohlraum mit feuchter Luft, der den Wurzeln Platz bietet.

Auch Bärlappgewächse gehören zu den auffälligen Epiphyten. In unserem gemäßigten Klima leben nur wenige Bärlapp-Arten, und

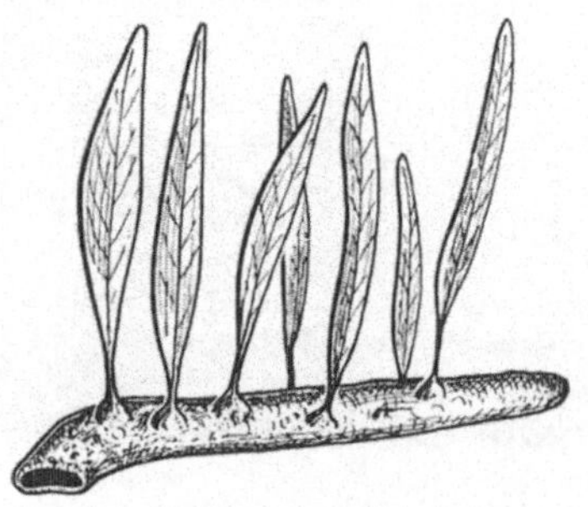

Abb. 101. Der Farn Polypodium sinuosum mit hohlem Wurzelstock, in dem regelmäßig Ameisen leben.

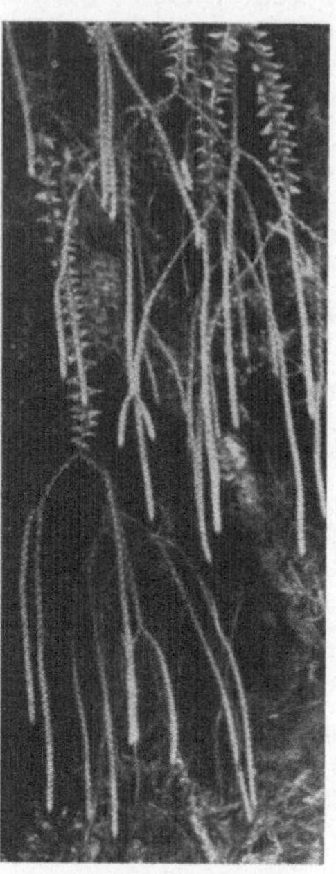

Abb. 102. Epiphytischer Bärlapp (Lycopodium phlegmaria).

zwar auf dem Boden. In den Tropen sind es Hunderte, von denen die meisten epiphytisch wachsen; viele von ihnen erreichen, von den Ästen herunterhängend, eine Länge von mehreren Metern (Abb. 102). Während sich einige der auf dem Boden des Regenwaldes wachsenden Bärlappe durch besonders große Blätter von unseren europäischen Formen unterscheiden und daher oft zunächst gar nicht wie Bärlappe erscheinen, zeichnen sich die epiphytischen Formen wieder wie andere Epiphyten durch besonders starke Rückbildungen aus; manche wirken fast, ähnlich wie die erwähnten reduzierten Bromeliaceen, wie riesige Bartflechten.

9. Epiphylle Pflanzen

Eine besondere Art von Epiphyten sind diejenigen, die nicht auf Stämmen und Ästen, sondern auf den Blättern der Wirtspflanze, also „epiphyll“, leben (griech. epi = auf, phyllon = Blatt). Natürlich können das nur niedere Pflanzen sein, in erster Linie Algen, Moose (Laub- und Lebermoose) sowie Flechten (Abb. 103). Kleine Epiphyten sind bekanntlich allgemein

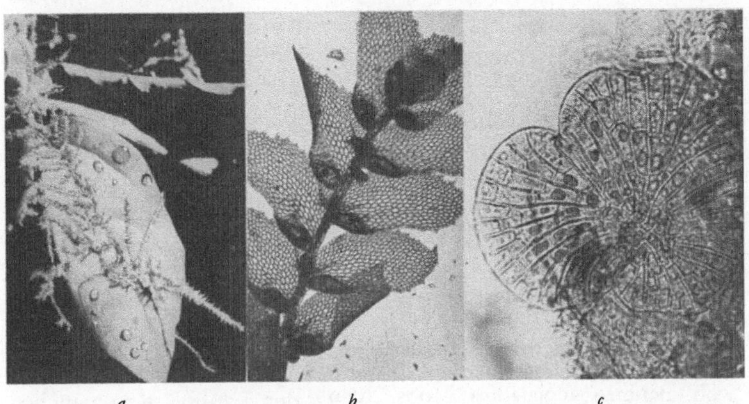

Abb. 103. Auf Blättern lebende Moose, *a* ein Laubmoos, *b* ein Lebermoos (Frullania) mit Wassersäckchen (in einigen von ihnen Reste gefangener Tierchen erkennbar), *c* ein anderes, scheibenförmiges Lebermoos.

die anspruchslosesten. Wir finden ja sogar auf unseren europäischen Bäumen epiphytische Algen, Moose und Flechten. Wenn auf den Blättern der Bäume gemäßigter Zonen Pflanzen aus diesen Verwandtschaften nicht wachsen, sondern nur auf Stämmen und Ästen, so kann das also nicht so sehr am Klima liegen; entscheidend ist dafür in erster Linie, daß nur in den Tropen die Blätter alt genug werden, um darauf lebenden Pflanzen genügend Zeit zu ihrer Entwicklung zu bieten. Aber auch bei den tropischen Pflanzen beeilen sich die epiphyllen Formen sehr. Schon wenige Tage nach der Entfaltung eines Blattes kann man auf ihnen die gekeimten Sporen von niederen Pflanzen feststellen. Manche von ihnen dringen übrigens auch etwas in die Blätter ein und bedingen dadurch stärkere Schäden als die übrigen, die sich nur auf der Oberfläche anheften.

Die epiphyllen Flechten und Moose stehen natürlich vor ganz ähnlichen Problemen wie die epiphytischen Blütenpflanzen. Die Verbreitung der Sporen und das Auffinden neuer Standorte sind allerdings leicht. Viele Arten epiphyller Moose verbreiten sich bevorzugt ungeschlechtlich, nämlich durch kleine Brutkörperchen, die vom Regenwasser fortgeschwemmt werden und an anderen Stellen desselben Blattes oder auf anderen Blättern irgendwo, etwa bevorzugt im Winkel von Blattrippen, einen Halt finden. Noch schwieriger aber als bei den Blütenpflanzen ist die Wasserversorgung. Bei einigen Lebermoosen legt sich ein Randsaum des Thallus ebenso eng dem Substrat an und läßt damit im Mittelstück ähnlich einen dampfgesättigten Raum entstehen, wie wir das bei den Laubblättern mancher epiphytischer Blütenpflanzen sahen. Andere Lebermoose bilden kleine krug- oder glockenförmige Thallusteile, die an die Urnen bei Dischidia oder die Kannen bei Nepenthes erinnern und tatsächlich ebenso wie diese das Wasser speichern. Die Analogie in der Funktion wird noch dadurch vergrößert, daß von den Lebermoosen mit solchen flaschenförmigen Thalluseinrollungen auch Tiere, freilich viel kleinere als in den Kannenpflanzen, gefangen werden können (Abb. 103).

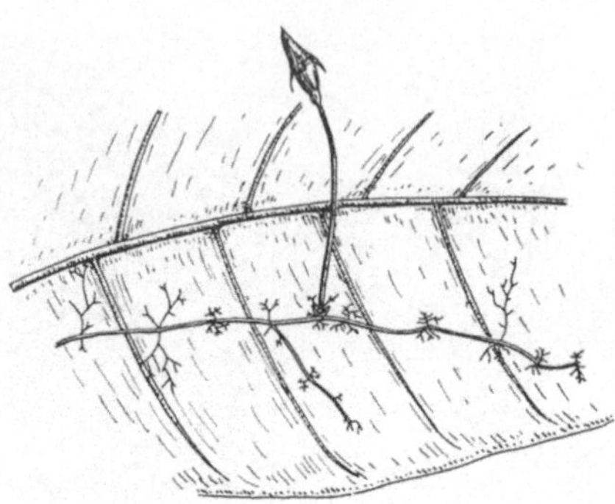

Abb. 104. Ephemeropsis tjibodensis, ein fast blattloses, dem Leben auf Blättern von Bäumen angepaßtes Moos. Man sieht den fädigen Vorkeim und die Kapsel mit ihrem Stiel, an dessen Basis einige ganz winzige Blättchen stehen.

Auch Rückbildungen der Art, wie wir sie bei den epiphytischen Blütenpflanzen finden, treffen wir bei den epiphyllen Moosen an. Normalerweise entwickelt sich aus der Spore eines Laubmooses bekanntlich zunächst ein fadenförmiger Vorkeim; erst auf diesem bildet sich das beblätterte Stämmchen, welches auch die Geschlechtsorgane trägt. Aus den befruchteten weiblichen Anlagen wächst dann die Kapsel mit ihrem Stiel hervor. Die extremste

Rückbildung und Umwandlung finden wir beim javanischen Moos Ephemeropsis tjibodensis (Abb. 104; griech., Ephemeropsis heißt etwa „kurzlebig aussehend“; den Artnamen hat die Pflanze von ihrem Fundort im Gebiet der Bergwälder des Gedehs auf Java, wo der berühmte Berggarten von Tjibodas liegt). Diese unscheinbare Pflanze bildet nur ein ganz kurzes, kaum sichtbares Stämmchen. Dafür ist der Vorkeim allerdings übermäßig stark entwickelt und in verschiedenartige Teile gegliedert; einzelne Stücke des Fadenwerks sind zu Haftorganen umgewandelt, die es ermöglichen, daß die Pflanze auch bei heftigem Regen nicht vom Blatt fortgespült wird. Andere Teilfäden dienen der Assimilation. Fast unmittelbar auf diesem Vorkeim, nämlich auf dem stark rückgebildeten unscheinbaren Stämmchen, können sich die Geschlechtsorgane entwickeln; daher stehen auch die Kapseln mit ihrem Stiel so wenig vom Vorkeim getrennt, daß sie auf diesem zu sitzen scheinen. Wir finden hier also eine durch die epiphylle Lebensweise vorteilhaft gewordene Rückbildung, die wir durchaus mit der mancher Bromeliaceen und Orchideen vergleichen können.

Daneben gibt es aber auch viele epiphylle Moose, die lange, beblätterte Stämmchen besitzen; einige von ihnen hängen mehrere Zentimeter lang von den Blattspreiten herunter. Manche Moose sind dabei, die gleichzeitig auch die Blattstiele und die Ästchen der Wirtsbäume besiedeln, und die dann diese ganzen Blattorgane in ein dichtes Polster einhüllen können, aus dem einzelne sehr zarte Arten mehrere Dezimeter oder gar mehr als 1 m herunterhängen.

VII. Die Parasiten

Auch bei den Parasiten finden wir, ähnlich wie bei anderen biologischen Gruppen im tropischen Regenwald, extreme Verhältnisse.

Wir könnten schon von der großen Anzahl von Pilzen sprechen, die als Parasiten in Blütenpflanzen leben. Sie gehören ebenso zum notwendigen Bestand des Regenwaldes wie die zahlreichen nichtparasitischen Pilze, die sich aus dem Humus des Waldbodens ernähren. Aber wir wollen hier bei den auffälligeren Parasiten bleiben, nämlich den parasitischen Blütenpflanzen.

Dabei gehen wir am besten von Formen aus, die uns nicht zu fremdartig sind. Jeder kennt unsere Mistel, die auf verschiedenen

Bäumen, auch auf Obstbäumen, ihre parasitierenden Sträucher entwickeln kann, und die durch Vögel, welche die beerenähnlichen Früchte fressen, zu neuen Standorten gelangt. Da diese Mistel grün ist, gehört sie zu den Halbschmarotzern; sie entzieht dem Wirtsbaum nur Wasser und Nährsalze, erspart sich also das eigene Wurzelsystem. Die grünen Blätter ermöglichen es ihr aber,

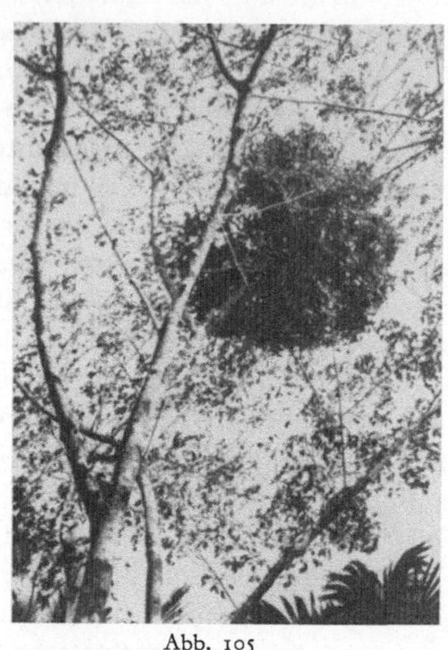
Abb. 105

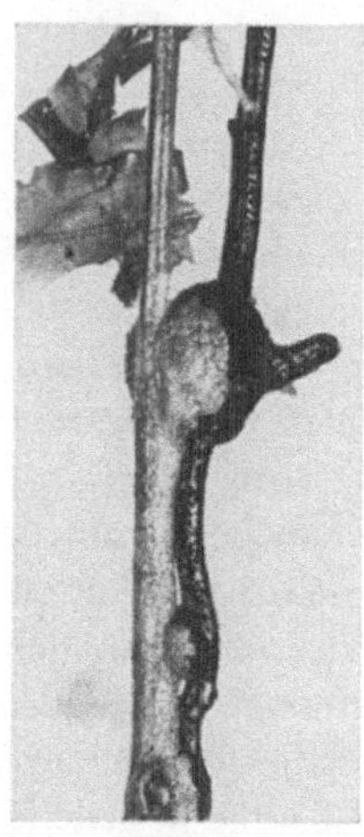
Abb. 106

Abb. 105. Ein Loranthus, in einem Baum schmarotzend.
Abb. 106. Ein Loranthus (dunkel) hat starke Haftballen ausgebildet, an deren Entwicklung sich auch der Wirt (hell) beteiligt hat.

mit Hilfe des Sonnenlichtes ebenso wie nichtparasitierende Grünpflanzen selber die organische Substanz aufzubauen.

Die Mistel hat viele Verwandte in den Tropen. Auch individuenmäßig sind ihre Verwandten dort so zahlreich, daß sie uns in allen Tropenteilen auf Schritt und Tritt begegnen (Abb. 105, 106). Unsere europäische Mistel ist gleichsam nur ein verirrter Abkömmling der zur Hauptsache tropischen Familie der Loranthaceen. Die tropischen Formen erreichen auch eine größere Länge ihrer Äste, und schon unter ihrem Gewicht können kleinere Äste des Wirtsbaumes gelegentlich brechen. Noch schädlicher aber ist natürlich, daß sie ebenso wie Epiphyten das Licht rauben und darüber hinaus dem Wirtsbaum auch noch erhebliche Mengen seiner Säfte entziehen. Verbreitet werden die tropischen Arten dieser Familien ebenso wie unsere Mistel: Vögel fressen die beerenähnlichen Früchte. Beim Passieren des Darmkanals wird eine Schleimschicht freigelegt, die die ausgeschiedenen Früchte auf Zweigen des neuen Wirtsbaumes festleimt. So häufig sind die Mistelverwandten, namentlich Loranthus-Arten, im tropischen Regenwald, daß die Früchte gar nicht selten von einem Loranthus zu einem anderen, auf einem benachbarten Wirtsbaum stehenden, getragen werden. Dann können sich „Überschmarotzer" entwickeln: Ein Loranthus wächst auf dem Ast eines Baumes, und auf einem Ast des Schmarotzers entwickelt sich ein weiterer Loranthus, oft genug einer anderen Art angehörend; er bezieht nun seine Nahrungsstoffe auf dem Umweg über den direkten Parasiten auch aus dem befallenen Baum. Diese Überschmarotzer sind teilweise Loranthus-Arten, die sich auf eine solche Lebensweise sogar ganz spezialisiert haben.

Abb. 107. Cuscuta, in einem Baum schmarotzend.

Aus der europäischen Flora sind ferner die „Seiden" (Cuscuta-Arten) bekannt, etwa die Flachsseide und die Kleeseide. Diese Vollschmarotzer besitzen keine grünen Blätter; zur Hauptsache bestehen sie aus den bleichgelben, kletternden Sprossen und den nicht sehr auffälligen Blüten. Der Sproß holt mit zahlreichen Saugorganen Nährstoffe aus der Wirtspflanze. Bei uns leben diese Seiden meist auf krautigen Blütenpflanzen. In den Subtropen und Tropen sehen wir einige Arten, die hoch ins Kronendach der

Bäume klettern können und es mit einem gelben Mantel aus dem dichten Geflecht der kletternden Fäden bedecken (Abb. 107).

Bei allen Parasiten bestehen Rückbildungen. Bei den Halbparasiten von der Art unserer Mistel sind nur die Wurzeln zurückgebildet, bei den Vollparasiten namentlich die Blätter. Dafür allerdings können Saugorgane ausgebildet sein. Wenden wir uns nun noch weiteren Tropenparasiten zu, so finden wir entweder

Abb. 108. Schmarotzende Cassytha filiformis (die „Fadenförmige-Verstrickende").

ähnliche Verhältnisse wie bei den Formen der gemäßigten Zonen oder noch stärkere Rückbildungen.

Die Anpassung verschiedener Pflanzen an gleichwertige Bedingungen kann oft dazu führen, daß die Gestalten nicht verwandter Arten einander ähneln. Wir haben das etwa bei der Betrachtung von Epiphyten mehrfach gesehen. So können auch die Rückbildungen bei Schmarotzern zu solchen Ähnlichkeiten führen. Beispielsweise finden wir in den Tropen in Bäume hoch hinaufkletternde Sproßfäden mit Saugorganen, die uns zunächst an jene Seiden (also Cuscuta-Arten) denken lassen, aber gar nicht mit ihnen verwandt sind. Es ist Cassytha (griech., „die Verstrickende"), die durch den Bau ihrer Blüten verrät, daß sie mit dem Lorbeerbaum verwandt ist (Abb. 108). Fast möchte es uns paradox erscheinen, daß der Lorbeer diese blattlose Verwandte hat. Die Cassytha ist übrigens in einem Punkt nicht ganz so weit zurückgebildet wie die Cuscuta-Arten. Die Sproßfäden enthalten noch merkliche Mengen von Blattgrün, können also auch selbständig etwas zur Ernährung des Parasiten beitragen.

Seltsame Parasiten finden wir in der Familie der Balanophoraceen, deren Vertreter alle typische Regenwaldpflanzen sind. Einige Gattungen dieser Familie sind auf Asien, andere auf Afrika und noch andere auf Amerika beschränkt. Die Balanophoraceen leben auf Baumwurzeln, haben kein Blattgrün, aber darüber hinaus noch weitere viel stärkere Rückbildungen als wir sie bei den bisher besprochenen Parasiten fanden. Am unteren Teil bilden sie einen knollenförmigen Wurzelstock, und aus diesen Knollen treten die Blütenstände hervor. Balanophora bedingt Wucherungen der Wurzeln des Wirtsbaumes, die dann mit den Geweben des Parasiten verwachsen, so daß dann die Knolle aus durcheinander gewachsenen Geweben von Parasit und Wirt besteht (Abb. 109).

Abb. 109. Blütenstand der auf Wurzeln schmarotzenden Balanophora elongata.

Aber das, was die Balanophoraceen hinsichtlich der Rückbildung ihrer Organe zeigen, wird noch weit übertroffen von den Rafflesiaceen, insbesondere von der indomalayischen Gattung Rafflesia (genannt nach *Raffles*, einem englischen Gouverneur und Botaniker auf Sumatra). Eine blütenlose Rafflesia kann man überhaupt nicht mit bloßem Auge finden. Sie hat keine Blätter, keine Sprosse und keine Wurzeln; sie besteht nur aus Zellfäden, die den Holzkörper der Wirtspflanze ebenso durchdringen wie die Fäden eines Pilzes den Erdboden. Erst mit dem Mikroskop können wir diese Fäden finden. Die Wirtspflanzen sind große Lianen, und zwar gewöhnlich Arten der mit unserem Wein verwandten Gattung Cissus. In den Wurzeln, aber auch in den unteren Stammteilen dieser Lianen können die Fäden der parasitierenden Rafflesia leben. Finden können wir eine Rafflesia erst, wenn die Blüte aus dem Wirtsstamm oder seiner Wurzel hervorbricht (Abb. 110). Diese Blüten allerdings erreichen ansehnliche Größen von mehreren Dezimetern; bei einer Art beträgt der Blütendurchmesser sogar fast 1 m und das ist dann die größte aller Blüten, die wir überhaupt kennen. Die Rafflesia verrät sich meist durch ihren Aasgeruch viele Meter weit nicht nur den bestäubenden Aasfliegen,

Abb. 110. Blüte der schmarotzenden Rafflesia rochussenii, aus der Wurzel der Wirtspflanze hervorbrechend.

sondern auch dem Menschen. Die rotbraune Farbe erinnert ebenso wie der Geruch an das blutige faulende Fleisch eines Tieres. Die Rafflesia-Blüten haben das mit den schon erwähnten großen Blüten vieler Aristolochia-Arten, mit denen sie übrigens entfernt verwandt sind, gemeinsam.

VIII. Pflanzen im Süßwasser

Auch die Flora der fließenden und stehenden Gewässer in den Wäldern der Tropen ist natürlich ungewöhnlich viel üppiger als in denen der gemäßigten Zonen. Und selbst, wenn wir uns auf die Blütenpflanzen beschränken wollten, würden wir bald finden, daß man beim Versuch, die häufigsten zu nennen, viele Seiten füllen müßte.

So wollen wir uns auch hier damit begnügen, einige besonders auffällige Formen weitgehend willkürlich herauszugreifen.

Mit stehendem oder fließendem Süßwasser kommt jeder beim Reisen durch die tropischen Regenwälder Tag für Tag in Berührung. Oft ist man auf die Flüsse angewiesen, um weiter in die

Abb. 111. Eichhornia crassipes.

weglosen Wälder einzudringen. Schon dabei macht man Bekanntschaft mit vielen interessanten Pflanzen.

In den Tropen der Neuen, seit einigen Jahrzehnten auch in denen der Alten Welt wird man beim Rudern auf Flüssen oft durch eine Pflanze behindert, die mit gutem Recht als Wasserpest der Tropen bezeichnet worden ist. Es ist die Eichhornia crassipes; gelegentlich wird sie auch Wasserhyazinthe genannt; ihre hellblauen Blüten erinnern tatsächlich aus der Ferne an die von Hyazinthen (Abb. 111). Aber die Eichhornia gehört zu einer ganz anderen Verwandtschaft, zur Familie der Pontederiaceen.

Mit ihren blasenförmigen Anschwellungen an den Blattstielen (lat. crassipes = dickfüßig) kann sie ausgezeichnet schwimmen. Sie vermehrt sich lebhaft durch Ausläufer. Oft bleiben Hunderte von Pflanzen, die so aus einer Mutterpflanze entstanden sind und viele Quadratmeter bedecken, fest durch die Ausläufer miteinander verbunden; eben dadurch können sie auch für größere Boote zu einem argen Hindernis werden.

Die Eichhornia ist übrigens ähnlich wie unsere „europäische" Wasserpest gerade durch Pflanzenliebhaber zu einer Wasserpest geworden. Unsere europäische Wasserpest, Elodea canadensis, die jetzt überall in den Gewässern Europas verbreitet ist, kam aus Nordamerika zunächst nach Irland und England (1836). Später wurde sie in Holland in botanischen Gärten kultiviert und gelangte von dort in die Kanäle. Damit war der Weg für die Verbreitung über ganz Europa geöffnet.

Die Eichhornia ist im tropischen Südamerika zu Hause. Von dort wurde sie als Zierpflanze nach Florida gebracht. Vom Überfluß warf man 1890 etliches in einen Fluß. Damit war das Unglück geschehen. Nach Asien kam die Pflanze 1894, weil man sie im weltberühmten Botanischen Garten von Buitenzorg natürlich auch haben wollte. Die überschüssigen Pflanzen wurden achtlos in den Fluß geworfen, der durch den Garten fließt. Wenige Jahre später war die Eichhornia überall im malayischen Archipel und später auch in Indien und auf Ceylon verbreitet.

Die Eichhornia gedeiht sowohl auf stehendem wie auf schwach fließendem Wasser. In stehenden Gewässern verdrängt sie oft die ursprünglich dort heimische Flora. Vielfach beteiligen sich bei diesem Verdrängen auch andere Pflanzen. So kann man auf vielen Gewässern einen schwimmenden Farn sehen, der allen Aquarienfreunden bekannt ist: Die Salvinia (Abb. 112). Sie wird gern als Aquarienpflanze genommen, weil sie sich ungeschlechtlich rasch vermehrt. Aber durch diese schnelle Vermehrung ist sie teilweise ebenfalls zu einer Wasserpest geworden. Das trifft für die Art Salvinia auriculata (lat., die „Geöhrte", so genannt wegen ihrer Blattform) zu. Sie ist im tropischen Amerika beheimatet und neuerdings im tropischen Asien zu einem Unkraut geworden. Zum Beispiel brachte man sie 1939 von Kalkutta nach Ceylon, weil man sie in Colombo gern den Studenten zeigen wollte.

Wenige Jahre später hatte sie sich über weite Teile der Insel ausgebreitet und wurde namentlich auf den Reisfeldern zu einem

Abb. 112. Salvinia auriculata.

überaus lästigen Unkraut. Jetzt will man sie mit einem Geldaufwand von mehreren Millionen durch Anwendung neuer chemischer Unkrautbekämpfungsmittel vernichten.

Abb. 113. Lotosblume (Nelumbo nucifera), links Blüte, rechts Blätter.

Im stehenden Wasser der Tropen Asiens trifft man regelmäßig auch auf die Lotosblume (Nelumbo nucifera; der Gattungsname entspricht dem Volksnamen auf Ceylon; Abb. 113). Diese sollte als eine der bekanntesten tropischen Wasserpflanzen hier wenigstens noch genannt sein. Sie teilt sich in die Oberfläche des Wassers, wenn nicht jene beiden Arten von Wasserpest alles andere verdrängen, mit vielen Teichrosen. Um auch über diese Lotosblume etwas an biologisch Interessantem zu sagen, sei vermerkt, daß hier wieder einmal ein tropisches Extrem auftritt: Die Samen erreichen ein sehr hohes Lebensalter. Im allgemeinen ist die Lebensdauer der Samen tropischer Pflanzen, wie wir schon erwähnten, nur kurz. Bei Wasserpflanzen sind die biologischen Bedingungen natürlich ganz anders als bei den Pflanzen im Innern des Waldes. Samen mit sehr langer Lebensdauer können helfen, ungünstige Jahre, in denen die Teiche austrocknen, zu überstehen. Schon die Samen der Nymphaea-Arten können unter günstigen Bedingungen im sauerstoffarmen Schlick mehrere hundert Jahre lang keimfähig bleiben. Besonders groß ist aber die Lebensdauer der Samen jener Lotosblume. In der Mandschurei wurden vor einigen Jahren, in einem von einer dichten Lösschicht bedeckten und daher gut gegen Sauerstoffzutritt geschützten ehemaligen Moor, Früchte der Lotosblume gefunden, die noch keimfähig waren. Dabei wurde ihr Alter durch die jetzt mögliche Zeitmessung mit Hilfe der Bestimmung des Gehaltes an radioaktivem Kohlenstoff auf etwa 1000 Jahre bestimmt. Von jenen Früchten wurden einzelne in anderen Ländern zur Keimung gebracht und die Pflanzen etwa auf Gartenschauen berechtigterweise als Wunder der Natur dem Publikum gezeigt.

Neben den Teichrosen müssen wir endlich auch deren Riesenverwandte nennen, die vielen aus den warmen Häusern unserer botanischen Gärten bekannt sind: Die Victoria-Arten aus den Tropen der Neuen Welt (etwa die 1832 entdeckte und später nach der Königin Viktoria benannte V. regia) und die Euryale-Arten Ostasiens. Bei beiden sind die Blätter durch wundervolle Konstruktionen nicht nur schwimmfähig, sondern auch sehr fest. Der hochgebogene Rand bei den Riesenblättern der Victoria trägt zu dieser Festigkeit wesentlich bei. Die Ansammlung zu großer Mengen von Regenwasser auf den Blättern wird aber durch Einschnitte in jenem Rand verhindert. Auf der Blattunterseite sehen wir mehrere Zentimeter breite Festigungskanten, welche die erstaunliche Tragfähigkeit dieser gewaltigen Schwimmblätter ermöglichen (Abb. 114). Diese Blätter wachsen überaus rasch heran; in 2—3 Tagen erreichen die Blattstiele neuer Blätter eine Länge von etwa 1 m; ebenso rasch wächst die Spreite.

Abb. 114. Oben Blätter von Victoria cruciana, unten Ausschnitt aus der Unterseite des Blattes von Euryale ferox.

Diese Erwähnung von auffälligen Formen unter den Pflanzen der tropischen Binnengewässer muß hier genügen. Aber wir wollen uns noch einmal auf den Flußläufen weiter waldeinwärts bewegen. An den Felsblöcken und Steinen im Flußlauf werden wir viele uns schon bekannte Pflanzen treffen, nämlich Arten, die sonst als Epiphyten auf Bäumen wachsen. Auf den Steinen finden viele von ihnen ebenso gute Lebensbedingungen. So werden wir etwa Ficus-Arten antreffen, die mit ihren Wurzeln auf der Felsoberfläche denselben guten Halt finden wie auf Baumstämmen.

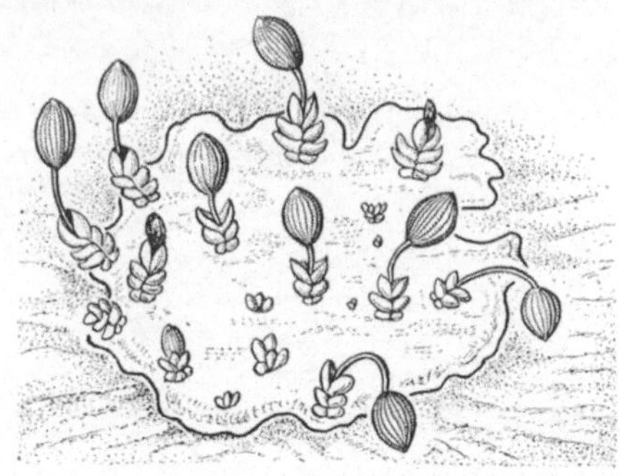

Abb. 115. Zeylanidium olivaceum, eine Podostemonacee Ceylons.

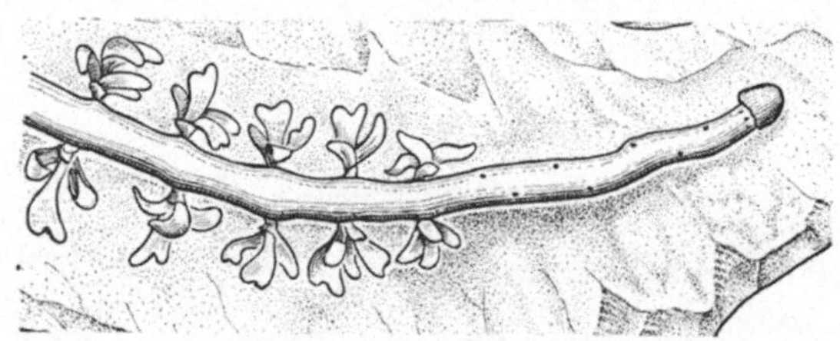

Abb. 116. Podostemon ceratophyllum, eine Podostemonacee Amerikas (nach *Warming*, verändert).

Die Wurzeln haften sich den Steinen fest an, so daß die Pflanzen auch bei heftigem Hochwasser nicht fortgerissen werden.

Kommen wir weiter flußaufwärts in die Gebirge hinein, so werden wir in den Tropen der Neuen Welt, aber auch in Afrika und auf Ceylon, viel seltener in den weiter östlich liegenden Tropengebieten, Vertreter einer der seltsamsten Pflanzenfamilien antreffen, nämlich Podostemonaceen. Es sind Pflanzen, die dem Leben in Wasserfällen besonders gut angepaßt sind. Trifft man auf Arten dieser Familie, so möchte man zunächst meinen, Moose vor sich zu haben (Abb. 115, 116). Bei gewissen Formen oder Entwicklungszuständen könnte man sogar an Flechten denken.

Wir sehen bei einigen Arten nur eine Wurzel, die mit besonderen Haftorganen, welche eine Art Kitt ausscheiden, am Fels befestigt ist. Bei anderen Arten ist diese Wurzel oder das wurzelartige Gebilde flach lappenförmig ausgebreitet und kann sich so dem Fels eng anschmiegen. Diese Gebilde enthalten Blattgrün; man könnte sie daher mit den Wurzeln jener epiphytischen Orchidee Taeniophyllum vergleichen, bei der ebenfalls alle Teile mit Ausnahme der Wurzel zurückgebildet sind und diese dann die Assimilation übernimmt. Ebenso wie bei Taeniophyllum kommen zur Blütezeit winzig kleine Sprosse hervor, die die Blüten tragen. Aber die Anpassung der seltsamen Podostemonaceen an ihr Milieu ist noch erstaunlicher: Die Blüten entwickeln sich zu Beginn der Trockenzeit, ebenso reifen auch die Samen noch während der trockenen Jahreszeit. Diese Samen selber, welche übrigens durch Vögel verbreitet werden, müssen im fließenden Wasser der nächsten Regenzeit keimen; aus ihnen gehen dann wieder jene assimilierenden Wurzeln hervor, die so hervorragend geeignet sind, auf den Steinen der Wasserfälle zu leben. So ist der Entwicklungsgang der meisten einjährigen Podostemonaceen ausgezeichnet dem Wechsel regenärmerer und regenreicherer Jahreszeiten angepaßt.

Bei der Betrachtung dieser seltsamen Familie stoßen wir noch einmal auf ein Verbreitungsproblem, das ebenso schwierig und interessant ist wie das für die Arten der Berggipfel erwähnte. Die Podostemonaceen können ja nur in Wasserfällen leben. Von einem Wasserfall zum nächsten werden sie durch Vögel verbreitet. Wie aber können sie Tausende von Kilometern auf ihren offensichtlichen Wanderungen vom tropisch-amerikanischen Heimatgebiet nach Afrika, von dort weiter nach Indien, Ceylon, Java und gar nach dem östlichen Asien überbrückt haben? Wieder glaubt man sich, ähnlich wie bei der Beurteilung der Ausbreitung von Gipfelpflanzen, angesichts dieser Wanderungen zur Annahme gezwungen zu sehen, daß diese Wege wenigstens teilweise zurückgelegt wurden, als noch Gebirgszüge (ohne die ja keine Wasserfälle möglich sind) die Kontinente und deren jetzige Gebirge stärker miteinander verbanden.

Restlos bekannt ist uns das jetzige Verbreitungsgebiet der Podostemonaceen übrigens durchaus noch nicht. Gerade in den vergangenen Jahrzehnten wurden viele wichtige neue Standorte in Asien gefunden. Man hatte die Pflanzen zunächst einfach übersehen, weil man sie wegen ihrer merkwürdigen Formen im blattlosen Zustand tatsächlich für Moose ansah.

IX. Das Ende der Regenwälder

Wo der Mensch den Regenwald zerstört, ist dieser meist unwiederbringlich verloren. Auch die vorübergehende Nutzung für den Landbau durch nomadisierende Stämme, eine Nutzung, bei der übrigens meist mehr Wald abgebrannt wird als tatsächlich notwendig wäre, hat verheerende Folgen. Die später wieder aufgegebenen Flächen wachsen zwar in den Tropen rasch zu, aber die eigentlichen Pflanzen des tropischen Regenwaldes, die für ihre Entwicklung eben auf den Schatten oder doch auf die große Feuchtigkeit des Waldinnern angewiesen sind, können sich nicht wieder ausbreiten. Es entstehen die aus undurchdringlichem Gestrüpp oft hartlaubiger und dorniger Sträucher zusammengesetzten „Sekundär-Wälder", bei häufigem Brennen sogar Steppen oder Savannen, in denen außer Gräsern übrigens oft auch der über die ganze Erde ausgebreitete Adlerfarn vorherrschen kann. Nur im Laufe vieler Jahrzehnte oder gar Jahrhunderte könnte sich daraus, wenn der Mensch sich fernhielte, wieder der ursprüngliche Regenwald entwickeln.

Die Zerstörung der Regenwälder geht so rasch voran, daß wir uns beeilen müssen, wenn wir noch rechtzeitig tiefer in seine Geheimnisse eindringen wollen. Bis jetzt ist unser Wissen noch sehr bescheiden, verglichen etwa mit dem, was wir über das Pflanzenleben in den gemäßigten Zonen kennen. Und von diesem bescheidenen Wissen konnte auf den vorstehenden Seiten nur einiges angedeutet werden. Wer tiefer eindringen möchte, sei verwiesen auf das Buch P. W. Richards, "The tropical rain forest", Cambridge 1952.

Sachverzeichnis

(Pflanzennamen wurden nicht aufgenommen, wenn die betreffende Gattung im Text nur kurz erwähnt ist)